美丽的数学

憨爸　胡斌　赵妍 ◎ 编著

内 容 提 要

数学不仅仅是抽象的公式和逻辑运算，它的背后蕴藏着人类文明的智慧结晶和思维之美。本书精选小学阶段的数学核心概念，通过历史脉络与生活情境，带领读者探索数学原理的起源、推导过程以及实际应用。

全书从人类计数系统的演进讲起，系统介绍时间、质量、长度、货币等计量单位的标准化历程，阐释数学如何从实际需求中产生。在算术领域，通过自然数、分数与小数的运算规则，展现数学体系的严谨性。在几何世界中，读者将探索圆的性质（圆周率）、三角形的基本定理（内角和恒等式），以及平面图形与立体图形的度量公式所体现的空间思维。

书中还重点介绍了杨辉三角、勾股定理、黄金比例等经典数学发现，并结合盈亏问题、鸡兔同笼等趣味题目，让读者体验数学的实用性。最后，本书延伸至斐波那契数列、数论初步和代数入门，为读者架起小学与初中数学的桥梁，培养抽象思维，激发探索更深奥数学的兴趣。

图书在版编目(CIP)数据

美丽的数学 / 憨爸, 胡斌, 赵妍编著. —— 北京：北京大学出版社, 2025.4. —— ISBN 978-7-301-36113-9

Ⅰ.O1-49

中国国家版本馆CIP数据核字第20254E1X77号

书　　　名	美丽的数学
	MEILI DE SHUXUE
著作责任者	憨　爸　胡　斌　赵　妍　编著
责 任 编 辑	刘　云　刘　倩
标 准 书 号	ISBN 978-7-301-36113-9
出 版 发 行	北京大学出版社
地　　　址	北京市海淀区成府路205号　100871
网　　　址	http://www.pup.cn　　新浪微博：@北京大学出版社
电 子 邮 箱	编辑部 pup7@pup.cn　总编室 zpup@pup.cn
电　　　话	邮购部 010-62752015　发行部 010-62750672　编辑部 010-62570390
印 刷 者	北京宏伟双华印刷有限公司
经 销 者	新华书店
	787毫米×1092毫米　16开本　18.5印张　312千字
	2025年4月第1版　2025年4月第1次印刷
印　　　数	1-8000册
定　　　价	119.00元

未经许可，不得以任何方式复制或抄袭本书之部分或全部内容。
版权所有，侵权必究
举报电话：010-62752024　电子邮箱：fd@pup.cn
图书如有印装质量问题，请与出版部联系，电话：010-62756370

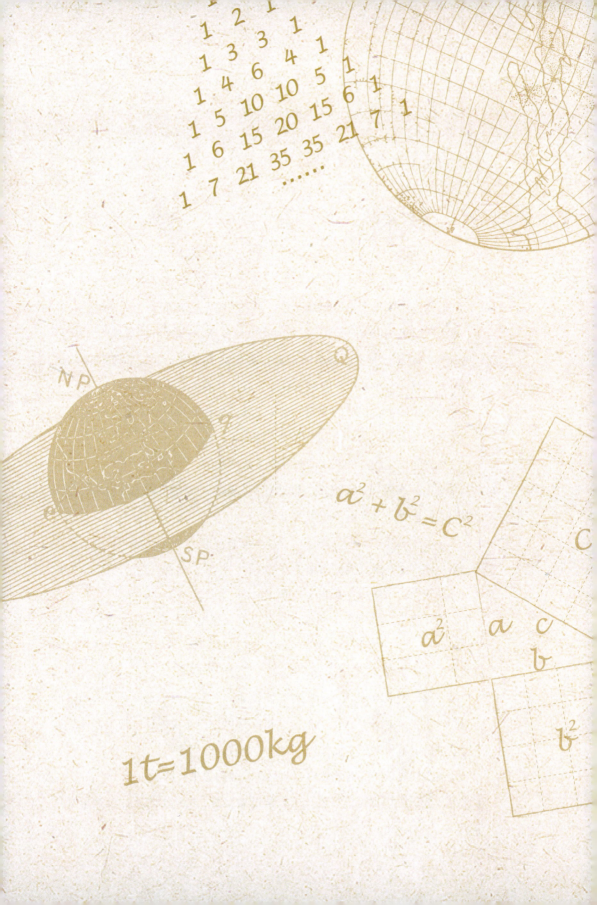

自序

我公司有个领导，是斯坦福大学毕业的，能力超级强。

有一天我跟他出去吃饭，在美国吃饭是要给小费的，吃完饭拿到账单，只见领导就拿着计算器吭哧吭哧地算，算小费该给多少。我当时就很纳闷，心想不就是算一个小费吗，直接心算不就好了，有必要用计算器吗？

堂堂斯坦福大学毕业的学霸，竟然连简单的计算都不行，那一刻我觉得，美国人这数学真不行啊，比我们中国人差远了！

可是后面发生的一件事，彻底改变了我的看法。

有一天我跟领导去图书馆，只见有个人捧着一堆书从图书馆出来，结果警报响了，应该是其中有一本书他忘了登记。

可是有十几本书，到底哪本书忘了登记呢？按照我的想法，每本书挨个试一遍，试个十几遍就能试出来了。

可是领导的做法却让我大吃一惊。

他走过去把那堆书分成两摞，先找出哪一摞里的书有问题，然后把那摞书分成两份，再去找哪一份里有问题。就这样，只试了4次，他就找到出问题的书了，比我那挨个试验的笨方法，快了好几倍！

那一刻，我真是对领导佩服得五体投地，人家数学不是不行，只不过他们的数学不是强在计算，因为他们觉得人脑再快，能快得过电脑吗，计算这些用电脑搞定就可以了，而他们更注重的是数学运用能力。

其实我们对孩子的数学教育，就存在这样的思维误区。

很多爸爸妈妈觉得，只要孩子数学题做得快、考试分数高，就是学好数学了。

是这样吗？当然不是！

在人工智能飞速发展的今天，我们需要重新思考数学教育的意义。当AI可以在秒级时间内完成海量数学题，且正确率远超人类时，如果我们还停留在培养"计算器式"的能力，那无疑是让孩子与机器进行一场注定失败的赛跑。

但是AI有个缺点，它只会死做题，不会灵活运用。而人就不一样，人能通过数学解决生活中的问题，发明很多伟大的产品。人可以通过自己的聪明才智，设计AI、指挥AI为我们服务。

而要达到这样的能力，就需要孩子开拓思维，跳出传统刷题的框架，多思考、多应用。这就是我们写这本书的初衷。

我们想让孩子了解，课堂中学习的那些数学知识、公式定理，都是怎么得来的，从而加深他们对课本知识点的理解。

我们想带着孩子观察古人探索数学的过程，从而思考该如何用数学解决生活中的问题，提高孩子解决问题的能力。

我们想帮助孩子不仅会读书，还会观察、会分析、会思考，将来在人工智能时代，可以驾驭AI为我们更好地服务。

憨爸

目 录

01
数的起源 / 001

02
时间 / 012

03
质量 / 020

04
长度 / 031

05
货币 / 041

06
圆周率 / 048

07
圆 / 056

08
加减法 / 065

09
乘除法 / 072

10
四则运算 / 078

11
数学运算三定律 / 084

12
杨辉三角形 / 094

13
勾股定理 / 108

14
斐波那契数列 / 121

15
黄金比例 / 129

16
平面图形和立体图形 / 137

17
周长和面积 / 151

18
体积 / 162

19
盈亏问题 / 172

20
鸡兔同笼 / 182

21
数论 / 192

22
大数 / 206

23
分数 / 214

24
小数 / 225

25
三角形 / 235

26
比和比例 / 247

27
因数和倍数 / 258

28
代数 / 274

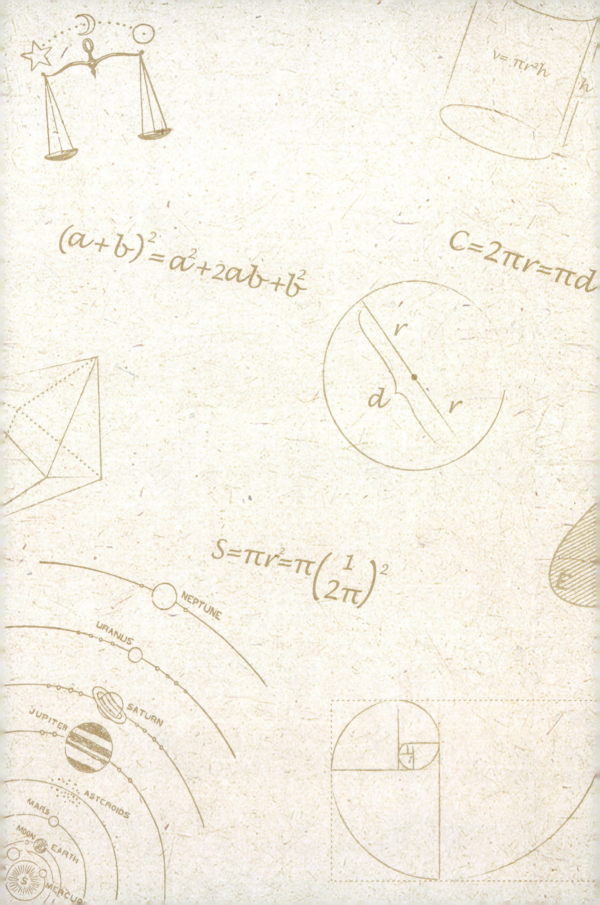

01 数的起源

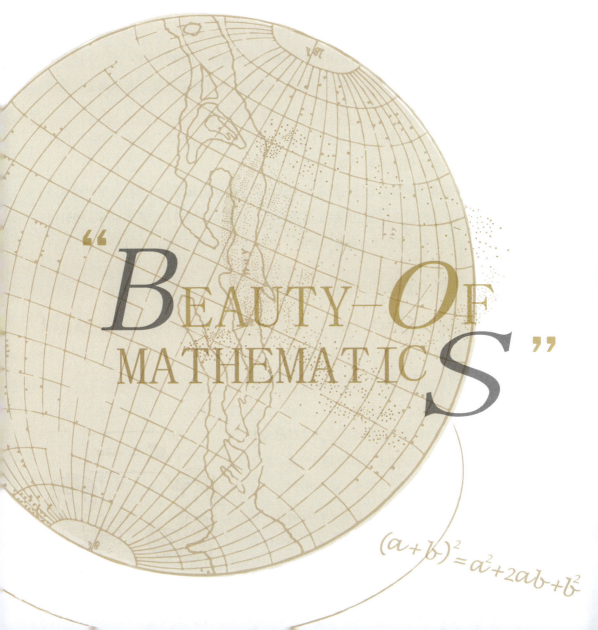

一、如果没有数字会怎样？

想象一下，如果有一天数字突然从世界上消失了，会发生什么有趣的事情呢？

首先，你可能会欢呼："太棒啦！再也不用做数学作业了！"但先别高兴得太早，让我们看看没有数字的生活会变成什么样。

（1）时间迷路了。没有了数字，时钟和日历都会变成看不懂的涂鸦。你不知道今天几号，不知道什么时候过生日，甚至连"再过5分钟就下课"这样的期待都没有了。

（2）天气猜猜看。天气预报员只能无奈地说："今天可能有点热或者有点冷？"因为你再也看不到温度计上的数字，只能靠感觉来穿衣服。

（3）糊涂的牧羊人。如果你家有10只羊，被偷走了2只，你完全不会发现。因为没有了数字，你根本不知道原来有多少只，现在还剩多少只。

（4）歪歪扭扭的世界。建筑师们要发愁了！没有数字就没法准确测量，盖出来的房子可能会东倒西歪，说不定我们只能回到山洞里住。

（5）原始人购物法。超市里再也没有价格标签，买东西只能靠"以物易物"。想买一个面包？也许要用一篮子苹果来换！

看到这里，你是不是发现数字原来这么重要？它们就像空气一样，平时感觉不到，但一旦消失，我们的生活就会乱成一团。数字不仅帮助我们认识世界，更让生活变得方便有序。所以下次做数学题时，记得这些数字都是我们生活中的好帮手哦！

二、数字是谁发明的？

虽然动物有着不错的"数感"，但是人类是唯一能够使用数字进行加减乘除的生物，那么1、2、3到底是谁发明的呢？

让我们一起回到几千年前，去看一看吧！

1. 不懂数数，但知多少

在原始人还没有学会写字之前，就已经开始会用数学了。虽然他们还不知道什么是"数"，但是已经知道"更多""更少"和"相等"。

比如，两个部落需要交换物品的时候，他们会将一条鱼和一把石刀对应，石刀和鱼的数量必须相等才能保证公平。

2.2 和很多

又过了一段时间，原始人开始慢慢学着数数，最开始他们学习数"1"，他们发现天上的太阳和月亮刚好只有1个，因此当原始人想要表示"1"时，就会说"和太阳或月亮一样多"。

"1"和太阳或月亮一样多

"2"和眼睛一样多

接着他们开始数"2"，有的原始人先数出了眼睛的数量，想要说"2"的时候，就说"和眼睛一样多"。

鸟的翅膀表示"2"

而有的人先数的是鸟的翅膀，就用"鸟的翅膀"来表示"2"。

"2"和手一样多

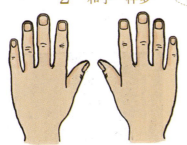

还有的人先数出手的数量，就用"和手一样多"来表示"2"……

"3"这个数就太难了，南非有一个部落叫霍屯督，他们的字典里面没有比3更大的数字。如果你问他们有几头羊，他会告诉你"很多个"。是不是幼儿园的小朋友都比他们厉害呢？

3. 用手数数

因为我们一只手的手指是5个,一只脚的脚趾也是5个,人们很快又知道了"5、10、15、20"这几个数。

可这还远远不够,如果要数清一大群羊时该怎么做呢?这时数数的人只好请来帮手,叫来全家人,开始掰他们的手指和脚趾。

4. 怎么把数字记下来

虽然用手数数很方便,但是记不下来,很快就会忘掉。为了把羊群的数量记下来,原始人想出了很多巧妙的办法。

(1)石头计数

牧羊人在早晨放羊的时候,每当一只羊离开羊圈,就在地上放一块石头。晚上每当有一只羊回到羊圈里时,就从石堆里取出一块石头,最终就可以知道羊群有没有都回到羊圈中来。

(2)刻骨计数

原始人每捕捉到一头猎物就会在兽骨上刻一道痕迹,捕获两头就会刻两道痕迹……

(3)结绳记事

古代中国、古代印加文明和部分阿拉伯地区都曾使用过结绳记事作为计数和记录工具。在这些文化中,结绳的颜色差异用于区分记录对象的类别,结绳的空间排列(位置关系)表征数量级,结型制式(如单结、复结)对应具体数值。

伊尚戈骨

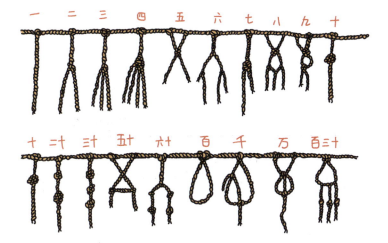

5. 终于有数字啦

（1）巴比伦数字

古巴比伦使用的是六十进制。

古巴比伦人将芦苇削尖后当笔，将字刻于泥板中。

（2）埃及象形数字

古埃及用的是一种叫作象形文字的数字。

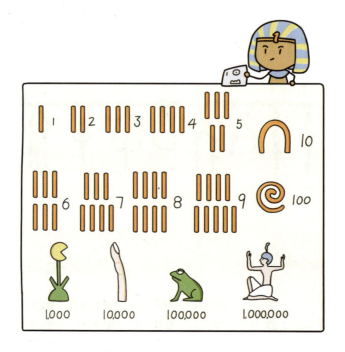

（3）算筹

中国古人使用算筹来计数，当数量超过5后，就不再多加算筹，而是通过改变算筹的位置来表示数量的大小。

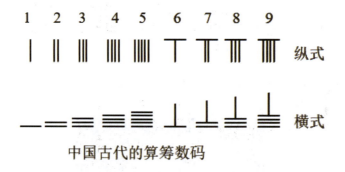

中国古代的算筹数码

（4）罗马数字

罗马数字共有7个，即 I（1）、V（5）、X（10）、L（50）、C（100）、D（500）和 M（1000）。古罗马人会使用加法和减法原则，例如：4可以写成 IV（5-1），6可以写成 VI（5+1）。

现在的钟表有很多使用罗马数字来表示。

6. 现在的数字

印度数学家们首先发明了0～9这10个基本符号。

0123456789

阿拉伯人很快接纳了这套印度数字，并将他们传播到世界各地，因此这套数字系统被称为"印度—阿拉伯数字系统"，是现代世界中广泛使用的数字表示方法。

7. 伟大的0

大家注意到没有，埃及象形数字和罗马数字中是没有0的，这其实非常的不方便。

印度阿拉伯数字最伟大的成就是发明了"0"，用来表示"没有"。

想象一下，如果没有0，世界将会怎样？

在印度人发明0之前，古人表示102是在1和2的中间空一个格子。

这样的写法让人们很难区分12、102和120。

而在公元5世纪，印度人发明了数字"0"，它不仅表示"没有"，更重要的是，它有一种"占位"的作用，再看102这个数。

中间的十位上没有东西，但是在记数的时候也不能空着，所以放一个0在上面占一个位置，写成

102

表示一百万的时候，除了在"百万"的位置上写1，其他都用0来占位。

这就是用数字0来占位的巧妙之处。

三、在生活中的应用

🖊 试一试

还记得罗马数字的表示方式吗？

如果用罗马数字表示一个大数3879，你知道应该怎么表示吗？

试一试写在下面的横线上吧。

💡 现实世界

我们现在使用的阿拉伯数字采用了"位值制"，简单地说就是数字放在不同的位置，它表示的大小是不一样的。

比如33，左边一个3代表十位，表示30，右边一个3代表个位，表示3。

这就是位值制的好处：位值决定大小。

我们现在生活中用到的数字一般是"十进制"的，它使用0到9这10个数字进行计数和运算。

而电脑、手机这样的计算机设备，也有自己的进位制，叫作"二进制"，它只有两个字符0和1，因为人类在设计计算机的时候，只有开（1）和关（0）两种状态。

此外，我们在度量时间和角度的时候使用的则是"六十进制"，比如：60秒＝1分钟，60分钟＝1小时。

📖 你知道吗？

你知道吗？除了我们人类，动物也是会数数的呢！

（1）聪明的食蚊鱼

雌食蚊鱼可以分辨出不同鱼群的数量，尤其是在受到雄食蚊鱼骚扰时，会选择躲到附近最大的鱼群中，这样可以避免自己被吃掉，所以就更加安全。

科学家研究发现，雌食蚊鱼最多能数到4。它们能区分有3条鱼和4条鱼的鱼群，但不能区分有4条鱼和5条鱼的鱼群。

当大鱼群是小鱼群数量的两倍时，食蚊鱼才能区分两者。

（2）狡猾的杜鹃鸟

你知道吗？杜鹃鸟从来不自己孵蛋。它悄悄地把自己的蛋产到其他鸟类的巢中，让其他鸟帮它孵蛋。

而且，它还会数数，因为它放进去几颗蛋，就会把相同数量其他鸟类的蛋给叼走。比如，它放进去一颗自己的蛋，就会叼走一颗其他鸟类的蛋，这样蛋的总数量不变，其他鸟就不会发现。

（3）耐心的熊妈妈

熊妈妈带熊宝宝过马路的时候，会仔细清点孩子们的数量。如果发现少了一个熊宝宝，熊妈妈一定会回去找。在确保所有熊宝宝都通过后，它们才会继续前进。

（4）机灵的小鸟

德国动物学家奥·凯拉很好奇小鸟到底会不会数数，他做过一个实验。

在小鸟的面前放了好几个小箱子，在第1个箱子里放入1份食物，第2个箱子里放入2份食物，第3个箱子里放入1份食物，第4个箱子里不放食物，第5个箱子里放入1份食物，第6个箱子……

食物的数量是这样的：1、2、1、0、1…

然后把箱子打开，让小鸟从第1个箱子开始吃，就这样练习一段时间。

最后发现一个很好玩的现象。小鸟吃完第1个箱子的时候就会点一下头，吃完第2个箱子就会点两下头，第3箱吃完点一下头，对着第4个空箱子，就根本没有理睬，直接跳过去了，吃完第5个箱子又点了一下头。

这说明，机灵的小鸟确实会数数哦。

02 时间

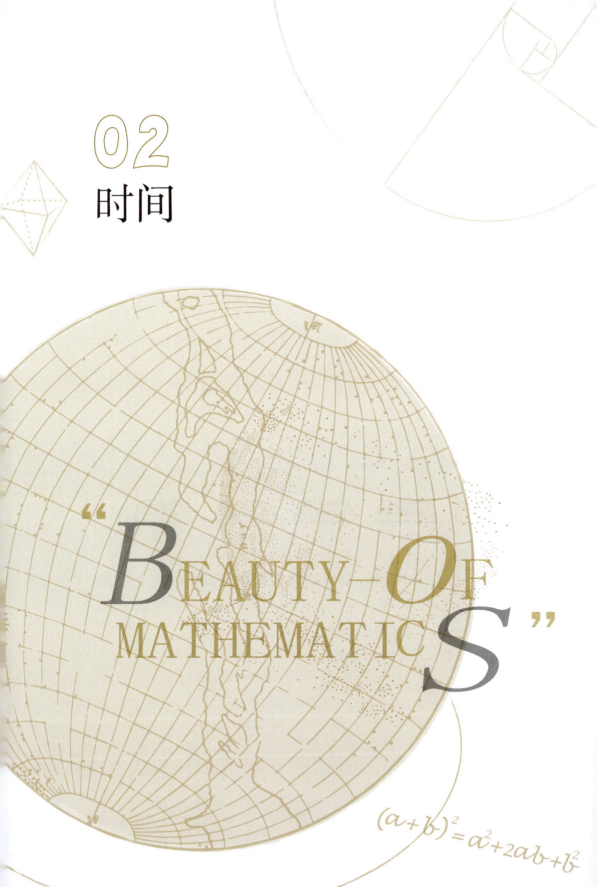

"BEAUTY-OF MATHEMATICS"

$(a+b)^2 = a^2 + 2ab + b^2$

一、如果没有时间会怎样？

"丁零零……丁零零……"小派床头的闹钟又响了。对于一年级的他来说，每天被闹钟吵醒，是最痛苦的事情。

这一天，小派许了个愿，希望这个世界上没有钟表，更没有烦人的闹铃声。

没想到，这个愿望竟然实现了。

"小懒虫！都日上三竿啦，还不快起床去上学"，妈妈掀开了小派的被子喊道。

小派迷迷糊糊地睁开眼睛，下意识地瞟向床头的闹钟。"疑，闹钟怎么不见了？"

"什么闹钟，太阳晒屁股了，再不上学就要迟到了！"对了，小派忽然想起来，这是一个没有钟表的世界。难怪妈妈也只能根据太阳升起多高来判断时间了。

小派吃过了早饭，急急忙忙去上学，突然想起来，不用这么着急啊，这个世界已经没有钟表了，老师不知道时间，我也就不用害怕迟到了。

果然，到学校后，班里还有一半的同学没有到。

好不容易，同学们都来齐了，数学老师开始上课。

问题来了，这不知道时间，也没有下课铃声，老师也不知道什么时候该下课。

同学们都急了，到底什么时候才能下课啊，难道要等到太阳下山吗？

聪明的小派想起来，古人曾经用过的沙漏。

他提议道："我们做一个沙漏来计时吧"。

这下问题解决了，上课前把沙漏倒过来，当沙漏里的沙子全部漏到了下面，这节课就结束啦。

但是沙漏有个缺点，它计时的长度是不变的，一个40分钟的沙漏，只能用于计时40分钟。

那接下来两个小时的体育课，怎么办呢？

阳光明媚,同学们来到操场上体育课。

小派看了看刺眼的太阳,突然想起来古人曾经发明的用来计时的日晷。

小派想,如果自己能做一个日晷来计时,该多好。他很兴奋,马上和同学们一起动手做了一个日晷。

完美!看着做好的日晷,同学们欢呼起来,这下好了,咱们也能知道几点啦。

可是,同学们高兴得还是太早了。

第二天是一个阴天,太阳公公躲在云朵里面不出来了。因为没有太阳,也就没有了影子,这下日晷也用不了了。

小派心里想:"没有钟表,还真是不方便",他又想到中国古人使用的蜡烛钟。在蜡烛上标出小时刻度,燃烧到了哪个刻度,就表示过去了多长时间。

蜡烛钟的好处就是，没有太阳或晚上的时候都可以用，这下方便多了。

可是问题又来了，这不停地燃烧蜡烛，可是很费钱的，小派的零花钱可没有那么多。

小派又犯难了，他又想到了水钟，它的工作原理和沙漏类似，水从高处往低处流，代表着时间的流逝。但是水钟好大啊，还得不断地往里面添水，也很不方便。

后来，小派又做了一个星钟，它可以在夜晚使用。由于地球自转，恒星在夜空中看起来像是在围绕着地球旋转，只有北极星是例外，它在夜空中几乎保持不动。星钟的工作原理是：将时针指向北极星，并将时针与北斗七星勺口末端的两颗星（天璇和天枢）对齐，即可估算时间。

星钟的缺点是只能在晴朗的夜晚使用，因为阴天或光污染时会看不到星星，星钟是无法使用的。

小派还想到了中国古人用的"香钟"，它通过燃香来计时，所以古人经常会说"一炷香的时间"。

古人很聪明的，在香上挂上几根细线，细线上连着铃铛。当香燃烧到细线的位置，线就会被烧断，铃铛掉落在下方的铜盘上，发出响声，告诉大家时间。

但是，"一炷香"并不是精确的时间单位，因为温度不同、风力不同、香的长短不同，所以一炷香的燃烧时间并不完全相同。

制作了这么多古人用的钟，小派发现，还是不方便，要么受到自然条件的限制，比如需要太阳和星星；要么就是计时不准确。

再回过头看看我们现代人用的钟表,无论是白天还是黑夜,晴天还是阴天,一直都在勤勤恳恳地帮人们计时。而且现代钟表特别准确,它把一天分成了24个小时,每个小时分成了60分钟,每分钟又分成了60秒。分得很细,计算得特别准确。

二、时间尺度

1. 为什么一天24小时

为什么一天被分成了24个小时呢,如果分成10个小时岂不是更好,算起来也更方便啊。

其实没那么简单。这还要从古埃及说起,古埃及人喜欢以12为基数进行计数,而不是现在常用的以10为基数。

因为他们通过数手指上的关节来进行计数。

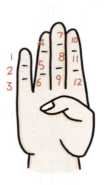

人的每根手指都有三个关节,所以如果你用大拇指指着手指关节来计数,可以用每只手数到12。

所以,在最早的日晷上,人们把白天分成12个小时,同时呢,也把夜晚也分成12个小时。这样,一天就被分成了24个小时。

而在中国,也很偏爱12这个数字,在西周时期,一天被划分为十二时辰,每个时辰相当于现在的2个小时。

2. 为什么一小时60分钟，一分钟60秒

一个小时分为60分钟，一分钟又分为60秒，这是为什么呢？

这还要从古巴比伦人说起，对他们来说，一只手的指关节可以从1数到12，而另一只手的手指表示12的倍数，最多可以数到60，这就是六十进制的由来。

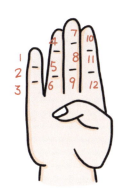

到现在六十进制还有很多地方在用，比如圆的角度是360度，而在中国传统的天干地支纪年体系中，六十年为一个完整的循环周期，称为"甲子"。古人将六十岁称为"花甲之年"或"年届花甲"，正是借用了这一纪年周期的概念。

后来，人们采用了六十进制，把一小时分为60分钟，把一分钟分为60秒。

3. 一秒有多长

虽然一秒钟并不长，但可以做许多事。比如，在奥运赛场上，一秒钟可以决定百米冠军的归属；猎豹一秒钟可以在草原上飞奔28米；蜂鸟一秒钟可以振翅55次；人类心脏跳动一次大约需要一秒钟，一秒钟可以输送70毫升的血液；光一秒钟可以传播30万公里。

如果没有钟表，可以通过数数来估算时间，如1001、1002、1003，每数一个数约为一秒。

一秒钟看似简单，却是一个重要的科学问题。

现代普通钟表的精度通常为每年约一分钟的误差，这对日常生活影响不大，但无法满足高精度科研需求。因此，科学家研发了原子钟，其精度可达每2000万年误差不超过一秒，堪称目前最精确的时间测量工具。

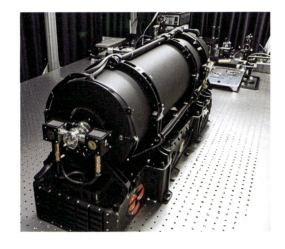

4. 一年有多长

一年指的是地球绕太阳公转一周的时间,精确值为365天5小时48分45.5秒(即一个回归年)。

如果我们按照一年365天来计算,每四年就会累积约23小时15分6秒(接近1天)的误差。为了修正这一误差,历法规定每四年会有一次闰年,就在这一年的2月增加1天,变成29天。

但是这样仍然会有微小的误差,所以对于整百的年份要特殊对待,能被四百整除的才是闰年,否则就是平年。比如,2000年就是闰年,而2100年就不是闰年。这就是闰年的来历。

5. 时区

当你正在睡梦中的时候,地球另一端的孩子们可能已经起床,甚至已经在享用午餐。因为地球的自转,不同经度的地方太阳升起和落下的时间不同。当一些地方是中午的时候,另一些地方可能是午夜。

为了方便计时,人们规定,每隔经度15°划分1个时区,全球共分为24个时区。相邻两个时区的时间相差1小时。而国际日期变更线,将"昨天"与"今天"分开,也就是整整差了1天。

三、现实生活中的应用

现实世界

随着信息时代对精细程度的要求越来越高,秒再也满足不了很多高精尖设备的需求。

比如,北斗系统搭载的核心计时设备为铷原子钟,其精度可达10^{-14}(百万亿分之一),相当于300万年误差仅1秒。这一精度至关重要,因为时间同步误差若达到十亿分之一秒(1纳秒),会导致卫星定位偏差约0.3米。显然,普通时钟无法满足如此高精度的需求,而原子钟的发明成功解决了这个难题!

试一试

据《僧祇律》记载:"刹那者为一念,二十念为一瞬,二十瞬为一弹指,二十弹指为一罗预,二十罗预为一须臾,一日一夜为三十须臾。"根据此关系,可逐级推算出各时间单位的现代换算值。

一须臾为0.8小时，一罗预为2.4分钟，一弹指为7.2秒，一瞬为0.36秒，一刹那为0.018秒。

你知道吗？

我们熟悉的一天是地球自转一周、昼夜交替一次的时间。然而，地球的自转并非绝对稳定，它会受到潮汐摩擦、地震甚至风速的影响，大约每年都会变化几微秒。

我们希望人类的计时系统与地球的动态保持一致，否则长期累积下来，就可能出现原子时是半夜时分，但是太阳时却是艳阳高照。为了解决这一问题，国际采用的协调世界时（UTC）会通过闰秒进行动态修正：当原子时与太阳时偏差接近0.9秒时，在UTC中插入1秒（正闰秒）或极少情况下删除1秒（负闰秒）。

03 质量

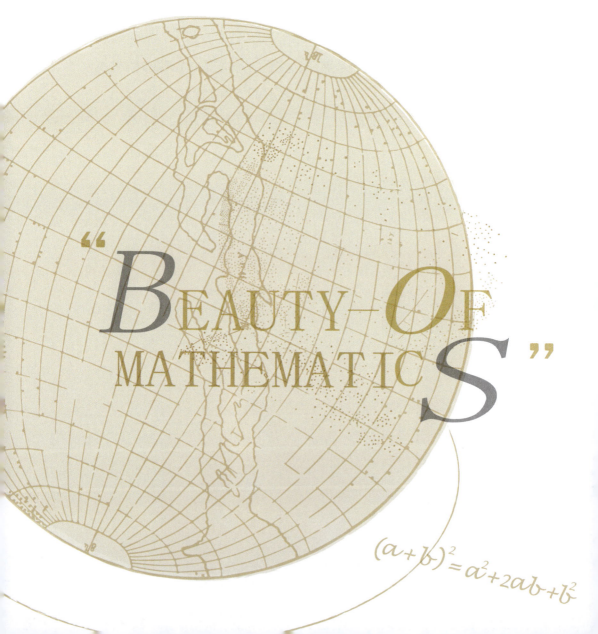

"Beauty of Mathematics"

$(a+b)^2 = a^2 + 2ab + b^2$

一、半斤八两

小派今天语文课上学习了一个新的成语"半斤八两",比喻彼此一样,不相上下。

但是爱思考的小派觉得哪里不对劲,因为他知道半斤应该等于5两,那5两和8两应该还相差不少呀,为什么说它们是不相上下呢?

小派带着这个疑问去请教老师。老师告诉小派,原来在我国古代,半斤等于八两,一斤就等于十六两。

可是为什么一斤要等于十六两呢,一斤不应该等于十两吗?十进制更符合我们的日常习惯呀?

有的人说是发明秤的范蠡想到的,他用南斗六星加上北斗七星,一颗星表示一两,加起来十三颗星,所以一斤就是十三两。

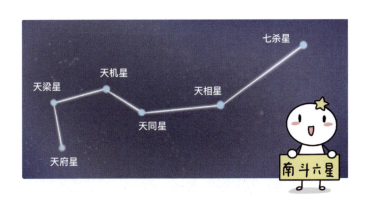

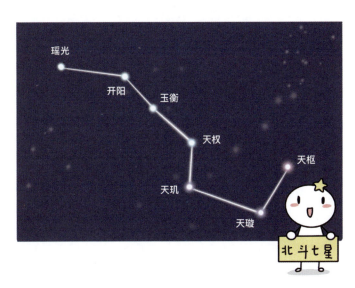

后来，范蠡发现有奸商缺斤少两，于是他又加上了福禄寿三星。从此，一斤就是十六两了。他这么改是为了告诫商家：不要缺斤少两！如果欺人一两就会没福气（缺福星），如果欺人二两就会没官运（缺禄星），如果欺人三两就会折寿（缺寿星）。

但事实真是如此吗？如果真是这样，为什么远在西方的英国人用的重量单位磅，也是1磅等于16盎司呢？难道外国人也崇拜福星、禄星和寿星吗？

采用十六进制是由天平的特性决定的。

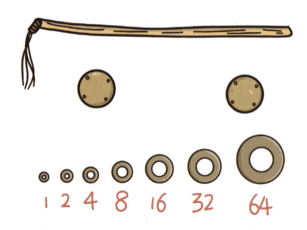

在用天平称量物品时，需要一个一个地累加砝码，而砝码和砝码之间要么是等重的，要么是倍数的关系。

而砝码只有打造成1、2、4、8、16、32、64这样的倍数关系才是最实用，也是最节省的方案。可以累加成任意数值的重量。

此外，人们又在反复地实际应用中得出，只有用16两作为1斤最实用，因为它不大也不小。所以聪明的古人最后选择了十六进制。

那为什么后来1斤又变成10两了呢？

随着社会的发展，更多先进的测重工具不断出现，并取代了天平和杆秤在市场中的地位，比如案秤、台秤、弹簧秤、电子秤等，这时候人们就发现十六进制还是不如十进制计算起来简便。在1959年，中国政府发布了《关于统一计量制度的命令》，将传统的1斤16两改为1斤10两。

二、国际标准质量单位

我们知道，现在重量单位常用"千克"和"克"，但是在"千克"这个单位出现前，世界各地使用过多种不同的质量单位。中国曾用过斤、两、钱等质量单位，而西方曾用过磅（lb）、盎司（oz）。

随着世界贸易和科学的发展，国际单位制（SI）将千克确立为质量的基本单位。

一千克的定义是如何确定的？是由谁提出的？法国科学家于1793年提出了这个质量标准，以0 ℃时1立方分米（边长为10厘米的立方体的体积）水的质量为1千克确定的。

但是经过数年的研究，把水温从0 ℃改成了4 ℃，因为水的密度在4 ℃时达到最大。人们以尽可能接近4 ℃时1立方分米水的质量为目标，制作了一件纯铂的千克原器，它的质量就等于一千克。这个基准器使用了九十年。

到后来，人们用更加稳定的铂铱合金制作了国际千克原器，它的复制品被送往世界各地。

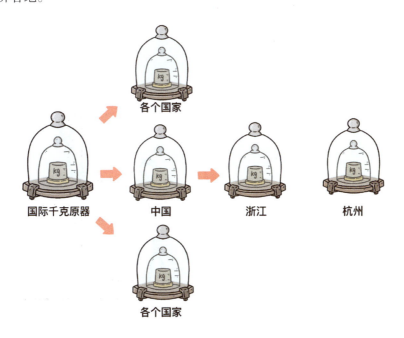

国际千克原器被保护得非常严密,用三层钟形玻璃罩真空密封,打开储藏室需要三把钥匙,钥匙分别由三名不同国籍的人分别保管,取出原器时需要三把钥匙同时启用。

为了防止污染,国际千克原器约每50年取出一次进行清洗和检测。截至退役前,它共接受过4次检测。尽管操作极其谨慎,每一次检测都发现它的质量有细微变化,因表面吸附空气污染物而"增重",或因铂铱合金极微量的氧化或磨损而"减重"。

如今,人们已经使用更先进的普朗克常数来代替国际千克原器。

有了千克的标准,就出现了更小的单位克、毫克、微克。而比千克更大的单位"吨"也非常有用。

1吨(t)= 1000千克(kg)

1千克(kg)= 1000克(g)

1克(g)= 1000毫克(mg)

1毫克(mg)= 1000微克(μg)

三、秤的演变史

无论是千克还是克,都需要用秤来称量。

天平作为最早的称重工具,其历史可追溯至古埃及。迄今发现的最古老的天平出土于上埃及第三王朝,约公元前2500年,距今已有数千年的历史。它是一根长约8.5厘米的石灰石横梁,中间及两端钻孔,现藏于伦敦科学博物馆。

这架天平有着明显的缺陷,通过横梁上钻的洞吊起绳子作为支点,它两边的长

度很难做到完全相等，而且绳子的摩擦力较大，导致天平的灵敏度极低，称重的精确度受到很大限制。这种天平的称量误差可能高达1%。

而在春秋时期就出现了秤。越国政治家范蠡在经商时发现，人们在买卖东西的时候，都是通过目测估算重量，这样很难做到公平交易，于是他想发明一个测量物体重量的工具。

有一天，他看见一个农夫在井边打水，他的方法很巧妙：先在井边竖了一个高高的木桩，再将一根横木绑在木桩顶端。而横木的一头吊着木桶，另一头系着石块，一上一下，使得打水变得十分便捷。

范蠡受到启发，立刻回家模仿起来，他选了一根木棍，钻上一个小孔，并在小孔那里系上麻绳。然后，他在木棍的一头拴上吊盘，用来盛放物体，另一头系上一个鹅卵石，根据杠杆原理，鹅卵石离绳子越远，表示吊盘里的物体越重，反之则说明物体越轻。于是范蠡又在木棍上的不同位置刻上标记表示重量，从此，市场上就有了统一的计量工具秤。

到了现代,秤的技术越来越发达,越来越精密,小到一只蚂蚁,可以用精密的电子秤,称出它的重量。

大到一辆装满货物的几十吨重的卡车,可以用地磅称出它的重量。

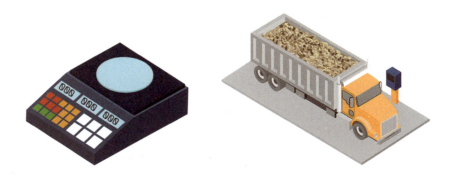

四、天平与等量代换

有一个非常重要的数学概念,叫作等量代换,它就是从天平演化而来的,所以又叫天平代换。

我们在天平的两个托盘上放上物品,如果天平保持平衡,那么它两端的物品的重量就是相等的。

比如,这两个天平,一个苹果和一个梨子的重量是一样的,一个苹果又和两个香蕉的重量是相等的。

所以,一个梨子和两个香蕉的重量是一样的。

这就叫等量代换,也叫天平代换,如果用算式来表示就是这样的。

除了代换,还有四个关于天平代换的公理。

1. 等量加等量仍然是等量

天平两边加上相同的重量,天平仍然是平衡的。

2. 等量乘以等量仍然是等量

天平两边乘以相同的数字,天平仍然是平衡的。

3. 等量减等量仍然是等量

天平两边减去相同的重量，天平仍然是平衡的。

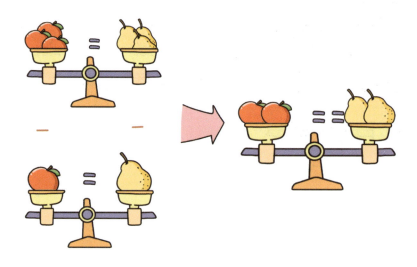

4. 等量除等量仍然是等量

天平两边除以相同的数字，天平仍然是平衡的。

来看下面这个天平，一只兔子和两只松鼠的重量是相等的，一只松鼠和三只小鸟的重量是相等的，问一只兔子等于几只小鸟？

我们只要把第2个天平两边乘以2，变成这样：

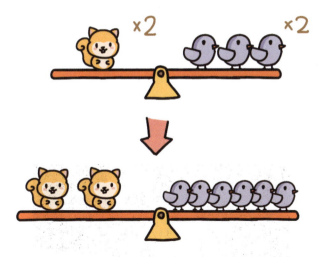

所以，两只松鼠等于六只小鸟，而一只兔子等于两只松鼠。那么，可以利用等量代换，得出一只兔子等于六只小鸟。

五、在生活中的应用

现实世界

重量 ≠ 质量

质量是物体本身的一种属性，是物体所含物质的多少，不随位置的改变而改变。而重量则是指物体在引力场中受到的引力（重力），其大小随引力场强度变化。质量单位是我们刚刚学到的克（g）、千克（kg）等，而重量单位则是牛顿（N）。但我们在日常生活中描述一个物体有多重时，使用的却是千克、克等质量单位。

由于地球表面重力加速度基本恒定，人们习惯用质量单位表示重量。但要注意，质量是标量，重量是矢量（有方向）。

试一试

在月球上，月球的引力会变成地球的六分之一。而火星上的引力则是地球的五分之二。

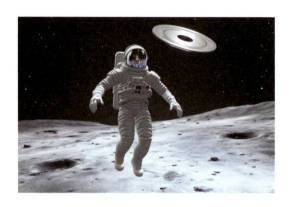

算一算，如果你分别在月球上和火星上，你的重量会是多少呢？

你知道吗？

中国古人使用了上千年的"斤"这一计量单位，你或许已经有所了解。你肯定也知道

$$1斤 = \frac{1}{2}千克 = 500克$$

那你有想过为什么这么巧合，中国传统的计量单位恰好是国际单位的$\frac{1}{2}$呢？这仅仅是东西方古人的巧合碰撞吗？

其实，我国几千年来"斤"的重量一直在变化，秦朝时的1斤约为253克，到了明清时期，1斤约为600克。

但到了清末至民国时期，度量衡标准的差异给中西方贸易往来带来了诸多不便。

直到新中国成立后，1斤等于500克这一标准才被真正落实并广泛实施。

这一变革不仅保留了"斤"这一几千年来广泛使用的传统计量单位，还使其与现代国际单位制接轨，为"斤"赋予了新的实用价值。

04
长度

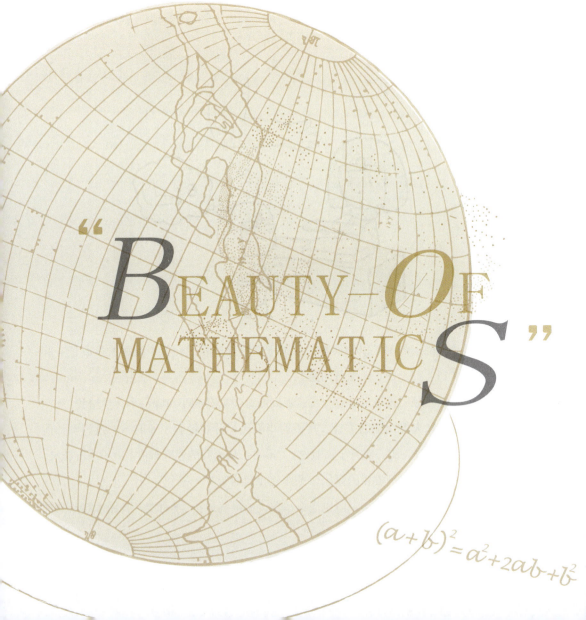

"Beauty-of Mathematics"

$(a+b)^2 = a^2 + 2ab + b^2$

一、身体为尺

古埃及人早在4500年前就使用腕尺作为长度测量单位。一腕尺的标准定义是从人的肘部（肘关节弯曲处）到中指指尖的距离。

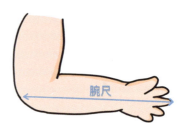

有一天，在古埃及的一个集市上，有两个人爆发了激烈的争吵。

有一名身材高大的农夫正在买亚麻布，他想给他的妻子和儿子做几件新衣裳。

他对卖布的小商贩说："我要买五腕尺的亚麻布。"

小商贩一看来生意了，立刻来了精神，三下五除二，手脚麻利地量好了五腕尺的亚麻布，递给了农夫。

那时候的人们都是以物换物，农夫把刚收获的麦子交给小商贩，换取了亚麻布。他拿到了布，开心地准备回家。

突然他心想：我得亲自量一量这亚麻布，看卖布的小商贩会不会少给我。

于是，农夫伸出他的手臂，用手肘当腕尺，开始量起了亚麻布。没想到，他刚量完，就火冒三丈，对着小商贩说："不对，你给我的亚麻布根本就没有五腕尺，只有四腕尺，你这个贪婪的家伙，竟然克扣我的布。"

小商贩虽然身材矮小，但也毫不示弱，他辩解道："不可能，我做生意从来都不欺人，你把布给我，我量给你看！"

农夫把布匹扔给小商贩,气鼓鼓地在旁边看着。

只见小商贩用他的手肘开始量起了亚麻布:"一、二、三、四、五。你看,五腕尺,不多不少,你怎么能胡说八道!"

农夫一看就蒙了,心想:"刚才我明明量了,只有四腕尺,怎么到了他手里就变成了五腕尺,难道他会巫术。"

就这样,两个人又来来回回量了好几次,谁都没有错。他们吵得不可开交,谁也说服不了谁。

最后闹到了长官那里,主持公道的长官听完事情的原委,哈哈大笑,命令农夫和小商贩站在一起,把手臂伸出来比一比。

长官说:"农夫身材高大,而小商贩身材矮小,你们俩的腕尺长度本身就不一样,量出来的亚麻布当然也不一样了。"

农夫和小商贩一听,互相看看彼此,恍然大悟,原来大家都没有错。

而长官却陷入了沉思,每个人的腕尺都不一样长,我们需要一个标准的腕尺长度,以使买卖双方更加公平。

民间的需求很快传到了法老的耳中,于是法老在全国范围内推行了两个标准腕尺,一个供民间使用的民间腕尺,一个供皇家使用的皇家腕尺。

两种腕尺有什么区别呢?原来民间的腕尺较短,皇家的腕尺较长,大约比民间腕尺长出10%。所以,当法老买东西时,用皇家腕尺衡量,因此多得10%。但当他出售物品时用民间腕尺,就可以少给别人10%。

除了腕尺,古代人在最早的时候,也常用身体部位作为测量单位。

罗马人用"罗马步"作为测量单位。人们常说"条条大路通罗马",罗马的道路上每隔1罗里的地方会设置一个里程碑。而1罗里就是一个长度单位。那1罗里到底有多长呢?凯撒大帝规定,士兵行军时2000个罗马步的距离就等于1罗里的长度。

而英国国王在制定长度单位的时候,更有意思,他在地上踩了一脚,然后指着陷下去的脚印对大臣们说,就让这个脚印作为丈量的标准吧。

同时，英国国王还规定，一英寸的长度是大拇指的指关节到指尖的距离。

同样，在中国古代，也有用身体部位作为长度测量的标准。比如庹（tuǒ）是指成人两臂左右平伸时两手之间的距离。再如拃（zhǎ）是指张开的大拇指和中指两端间的距离。

二、统一的长度单位

在人类文明发展过程中，世界各地曾使用过腕尺、步、英尺、英寸、庹、拃等成千上万种长度单位。这些基于人体部位的测量标准虽然直观，但缺乏统一性，就像古埃及的农夫和卖布的小商贩一样，会给人们的商品贸易带来很大的不便。

法国大革命后，才出现了我们现在使用的单位"米"。法国科学院根据地球从北极到赤道经过法国首都巴黎的这段经线的长度来设定米的大小，他们规定这段经线的千万分之一的长度为标准长度1米。

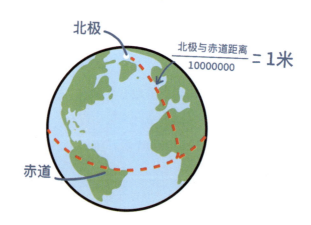

但是，测量北极到赤道的距离是非常困难的，科学家决定先测量从法国敦刻尔克到西班牙巴塞罗那的距离，并考虑了地球的曲率，最终算出从北极到赤道的距离，这花费了整整6年的时间！

后来，法国科学院用金属铂制作了一根一米长的杆子，叫作米原器，放在巴黎的国家档案馆。它的复制品被分发到世界各地，成为国际通用的长度计量标准。

然而，随着时间的推移，科学家发现米原器会随着温度的变化而产生极其微小的膨胀或收缩。为了解决这一问题，在1983年，1米被定义为光在真空中传播1/299792458秒的距离，因为光的速度是恒定不变的，因此不会像米原器那样会有轻微的变化。

（光在真空中的速度为299792458米/秒）

有了"米"作为长度单位标准，人们接着定义了千米、分米、厘米、毫米、微米、纳米的标准。

1千米（km）= 1000米（m）　　　1米（m）= 10分米（dm）

1分米（dm）= 10厘米（cm）　　　1厘米（cm）= 10毫米（mm）

1毫米（mm）= 1000微米（μm）　　1微米（μm）= 1000纳米（nm）

世界上不同的物体使用不同的长度单位来描述其尺寸。当我们谈论宇宙的时候，就不能用米或千米做单位,而应该使用"光年",一光年是光在真空中沿直线传播365.25天(即一个儒略年)所经过的距离。

$$1\text{光年} = 9460730472580800 \text{米}$$

所以,大到宇宙,小到DNA,都有适合它们的长度单位,千万别搞错了。

三、眼见不一定为实

我们用尺子来测量物体的长度,但有时候仅仅凭眼睛观察,也能看出物体的长短。比如下面这两条线段,一眼就能看出线段AB更长。

俗话说,耳听为虚,眼见为实。可是,眼睛看到的就一定是真的吗?

观察下面横线的长度,说说看,哪条线段更长一些? 再用尺子量一量,看看你得到的结果对不对?

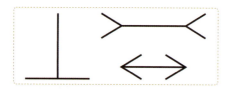

观察下面一横一竖线段的长度,说说看,哪条线段更长一些? 再用尺子量一量,看看你得到的结果对不对?

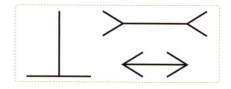

观察下面两条横线的长度,说说看,哪条线段更长一些? 再用尺子量一量,看看你得到的结果对不对?

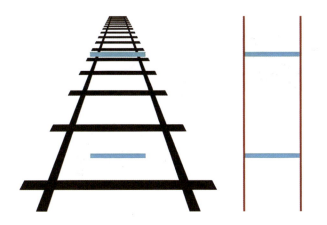

怎么样，有答案了吗？是不是都是一样长？

所以，有时候我们最好不要相信自己的眼睛，要相信尺子测量的结果，因为眼见也不一定为实。

常用的长度测量工具就是尺子，尺子也分好多种，有学生用透明的尺子，有适合带在身上的卷尺，有裁缝用的软尺。

有精度很高的游标卡尺和千分尺。

还有轮式测距仪，适用于草地、山坡、崎岖不平的施工场地。

这种激光测距仪,是利用激光发射的原理,向目标射出一束激光,然后记下反射回来的时间,从而计算出距离。

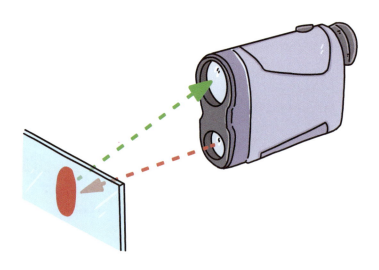

四、在生活中的应用

> 💡 **现实世界**

毛泽东《七律二首·送瘟神》中"坐地日行八万里"的意思是我们即使坐在家中一动不动,一天也随着地球自转而前进了8万里路。

而1里=0.5千米,所以8万里=4万千米。

聪明的你通过这句诗,应该就能知道赤道最大周长大约就是4万千米,自转线速度约为每小时1670千米!

但事实上还远不止这些,因为我们的地球每时每刻还在围绕太阳公转,地球每年绕太阳公转一周的总距离大约为9.4亿千米,速度约为每小时107000千米!

太阳虽然是一颗恒星,但同样每分每秒都在银河系中驰骋,这个速度达到每小时828000千米!

而事实上银河系仍然在不停地运动,所以现在你知道你的速度有多快了吧!

你知道吗?

你知道人们是怎么计算出地球的最大周长的吗?

第一个尝试测量地球半径和周长的人是古希腊的天文学家埃拉托色尼。

某一天中午,埃拉托色尼在埃及昔兰尼闲逛,他突然发现这座城市中所有垂直的物体完全没有影子,甚至连井底都完全被阳光照亮了,这就说明太阳此时垂直照射在这座城市上空。于是,他记下了这一天的日期。

等到第二年的同一天中午,他来到了亚历山大港。虽然两座城市基本位于同一经线上,但他发现,与昔兰尼不同,太阳在亚历山大港并非垂直照射于地面,而是偏转了大约7.2度。因为一个圆有360度,所以这一偏转角度相当于1/50个圆。

如果地球是一个球体,那么从亚历山大港到昔兰尼的距离,就可以推算出地球的周长。即:

$$地球的周长 \approx 50 个亚历山大港到昔兰尼的距离$$

埃拉托色尼当时测得从亚历山大港到昔兰尼两个城市间的距离是5000斯塔季亚(Stadium,希腊长度单位),所以地球的周长大约为250000斯塔季亚,也就是46250km。

尽管受限于当时的测量条件,但这个值已经相当精确了!

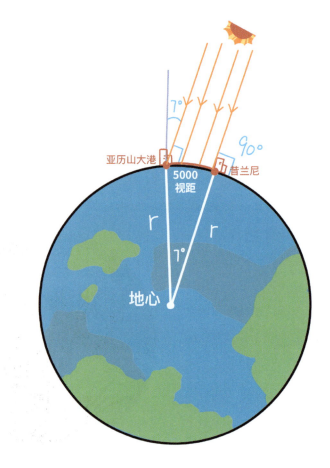

试一试

你还知道哪些测量地球周长的方法吗？也可以试着找一找资料，看一看聪明的古人都用了哪些简便又智慧的方法吧。

05 货币

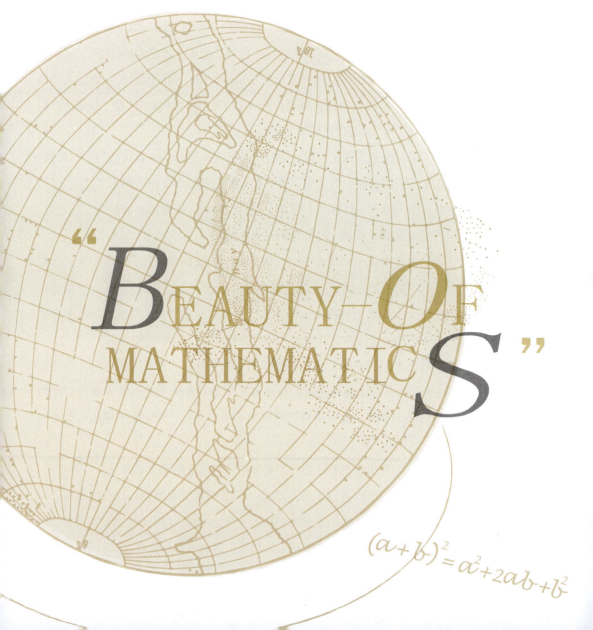

"BEAUTY-OF MATHEMATICS"

$(a+b)^2 = a^2 + 2ab + b^2$

一、石头币

在遥远的古代，太平洋上有一个小岛叫雅普岛，岛上的居民有的种植香蕉、芋头，有的靠捕鱼、打猎为生。

有一天，一位农夫种的香蕉成熟了，今年的收成非常好，一串串香蕉堆成小山。农夫家吃不了这么多香蕉，于是他来到集市上，用剩余的香蕉找渔民换了一些鱼回来，全家人开心地吃起了烤鱼大餐。

过了几天，他又拿了很多香蕉去集市，想再换一些鱼回来。但是渔夫说："今天不能把我的鱼换给你了，因为我不想吃香蕉了，我需要一些芋头。"

农夫一听，没有办法，只能先回家，找到种芋头的邻居，用香蕉换回了一些芋头。然后他又来到集市上找到渔夫，终于换回了全家人爱吃的鱼。

就这样，雅普岛上的人们过着简单而快乐的生活，虽然他们没有现代人使用的货币，没有硬币也没有纸币，也就是说在他们的世界中没有"钱"的概念，但是这样的"物物交换"，也让他们很满足。

可是有一天，渔夫发现了问题，他打的鱼经常不能与别人直接交换。有时候，他想要的是芋头，可是农夫的手里只有香蕉，农夫要想办法把香蕉换成芋头才行。

有时候，猎人拿来一件兽皮，想要交换渔夫的鱼，可是渔夫却想要一把石斧，猎人必须先把兽皮换成石斧，再去和渔夫交换鱼。

就这样，渔夫想要的东西得不到，他的鱼经常交换不出去。过了两天，鱼都腐烂了，还是没有换出去。

看来，两个人直接交换物品，常常会行不通。岛上的酋长知道了，也急得抓耳挠腮，必须想出一个办法，让每个人都能交换到自己想要的东西。

他看着自己家门前的大石头，突然想到一个主意，为什么不用石头作为物物交换的"中介"呢？对于渔夫来说，只要有人拿着石头来交换，渔夫就可以把鱼卖给他，然后渔夫拿着石头去买自己想要的芋头、石斧，这样就不用担心鱼会腐烂啦。

于是，雅普岛上开始使用石头作为交换中介，这里的石头其实就是一种货币，也就是我们所说的"钱"。后来，人们发现，石头搬起来很麻烦，就在中间穿了一个孔。

这样，人们就可以很方便地把石头抬起来，这就是"石头币"。

从此以后,雅普岛上的居民就开始使用这种石头币,他们甚至有一个石头银行。

后来,岛上的居民开始从岛外运回一些大石头,这些石头有好几吨重,搬起来非常麻烦。于是大家决定,石头就放在原地不动了,只要记下来谁拥有这块石头就行了。使用石头币的时候,只需要把它主人的名字更换一下就可以了。

有一天,有几名船员带着一块巨大的石头乘船回雅普岛,但是在海上遇到了风浪,他们没有办法,只能把石头沉入海底,船员们才幸存下来。

他们回到雅普岛上,告诉人们事情的经过。岛民们认为这块石头很重要,可以作为货币使用。直到今天,那块沉入海底的石头仍然可以作为"运不走"的货币被岛民们使用。

这就是发生在雅普岛上的故事，人们从物物交换开始，到发明了石头币作为交换的中介，到不用搬动石头采用记账的方式使用货币。这个过程见证着岛上货币的产生和发展。

二、货币的历史

在世界上的其他地方，也经历了雅普岛上类似的过程。

在中国古代，最早也是以物易物。但中国是世界上最早使用货币的国家之一，在先秦时期，中国古人开始使用海贝作为原始货币。这就是为什么现在很多汉字，凡与价值有关的字，大多与"贝"有关，比如财、赠、赚、贾、贷、贵、费、赊、赏、赔、贩、贯、货、资、账等。

再到后来，出现了金属货币，在春秋战国时期，齐国和燕国使用一种像刀一样的货币，叫作刀币。

楚国使用一种叫作"蚁鼻钱"的铜币，蚁鼻的意思就是很小，蚁鼻钱就是很小的钱。楚国除蚁鼻钱外，还有黄金货币，是战国时期唯一系统化使用黄金作为流通货币的国家。

秦朝统一六国后，也统一了货币，全国上下统一使用圆形方孔的秦币，自此以后，虽然朝代更迭，但方孔圆钱这种货币形制一直沿用了两千余年。

直到北宋时期，为了方便货币的流通，出现了更为轻便的纸币——交子。交子是中国最早的纸币，也是世界上最早使用的纸币。

到了明清时期，主要使用白银和铜钱作为货币。

左下图是交子，右下图是铜钱。

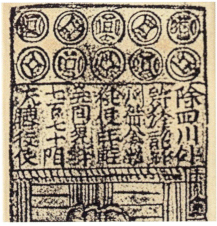 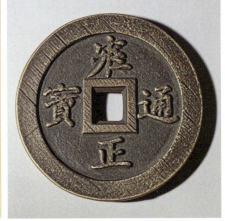

左下图是碎银子，右下图是银元宝（银锭）。

那时候，小钱就用铜钱支付，大钱就用银锭（银元宝）来支付。

1949年，中华人民共和国成立后，人民币成为我国的法定货币。直到今天，中国已经发行了第五套人民币，有纸币也有硬币。

纸币有1元、5元、10元、20元、50元、100元面值。人民币的单位有元、角、分。

$$1元 = 10角$$

$$1角 = 10分$$

$$1元 = 100分$$
$$1角 = 0.1元$$
$$1分 = 0.01元$$

每个人的钱都可以存在银行里,但首先我们需要拥有自己的银行账户。所以我们需要拿着身份证到银行去开户,这样就可以把自己的存款存进银行里,等需要的时候再取出来使用。就像雅普岛上的石头银行一样,会记录谁拥有多少钱。

有的同学会有疑问,我买东西都不用货币呀,只要手机扫一扫就能线上付款了,这又是怎么回事呢?

其实,手机支付实质上就是记账,钱从一个人的账户转到另一个账户,只是银行账户上的数字发生了变化。就像雅普岛上的居民那样,只需要记录下谁拥有那块石头币,但石头币本身并没有移动。

这就是货币发展的历史,在不远的将来,更为先进的电子货币将越来越普及,它不仅能记账,而且能知道每一笔钱的来龙去脉,真是太先进了。

三、在生活中的应用

现实世界

秦朝为了方便本国交易统一了货币。但是不同国家之间的货币不同,那么应该如何交易呢?

这就涉及汇率问题了。举个例子,如果你想要从美国买一部手机,就需要先用人民币兑换成美国的美元。然后用美元去买手机。而1美元这种特殊的商品需要花约7元人民币才能买到:

$$7元人民币 \approx 1美元$$

这就是所谓的人民币兑美元的汇率。

此外:

$$1英镑 \approx 9元人民币$$
$$21日元 \approx 1元人民币$$
$$1欧元 \approx 7.6元人民币$$

随着外汇市场的交易价格及政府调控等多方面的影响,所以汇率会随时发生变化，文中所列汇率为本书定稿时的市场汇率。

试一试

汇率的变化会影响我们的生活。

如果A国的货币相对于B国贬值，比如原来1 A国货币 = 6 B国货币，现在变成了1 A国货币 = 5 B国货币，那么请问对于A国的货物向外卖出是否有影响，有怎样的影响呢？

试想一下，B国人原来需要花费6B就可以买到A国价值1A的苹果，现在B国人只需要花费5B就可以买到原来的苹果了。这么一来，在A国苹果没有降价，但相对于B国人来说进口苹果却跟着A国货币一起变便宜了，结果就是B国人会进口更多的苹果。

所以，将更有利于A国货物向外卖出。

一个国家货币贬值 ➡ 有利于出口，但不利于进口

一个国家货币升值 ➡ 有利于进口，但不利于出口

所以货币汇率的变化并不能一概而论是"好"还是"不好"。

你知道吗？

你听说过"比特币"吗？比特币是一种基于区块链技术的去中心化数字货币。为什么在我们已有美元、欧元、人民币等法定货币的情况下，还要出现一个比特币呢？

这与法定货币的特性有关。传统货币由国家发行，以政府信用为担保，但其供应量受中央银行调控。如果政府过度增发货币，就可能引发通货膨胀。

什么是通货膨胀呢？比如原来1元钱能买到1个苹果，通货膨胀后要100元才能买1个苹果，民众的储蓄价值便会大幅缩水。

而比特币因为受到计算机算法的限制，总量是有限的，且不受任何政府的控制，所以出现通货膨胀的可能性很低！

目前，德国等国家已经把比特币当作一种货币来对待，部分商家也支持用比特币来交易。

06 圆周率

一、Pi Day（π 纪念日）

有一天，小派去旧金山玩，当地的朋友带他去了旧金山有名的科学博物馆。

博物馆里张灯结彩、人山人海，特别热闹，小派觉得特别奇怪，他问朋友："今天是什么日子呀？"

朋友很兴奋地跟他讲："今天过节呀！"

小派默默算了一下日子："今天是3月14日，既不是劳动节，也不是国庆节，更不是圣诞节，今天到底是什么节日呀？"

"哈哈，今天是Pi Day，也就是π纪念日！"朋友回答了小派的疑问。

"什么？π还有节日？"小派在数学里学过π，这个数字很奇特，它的数值是3.1415926……永远没有尽头。

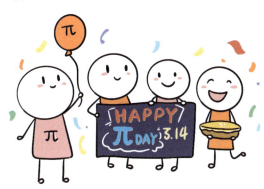

因为π的起始数字是3.14，所以人们就把每年的3月14日定义为π的节日。那人们会怎么庆祝Pi Day呢？于是小派跟着朋友在博物馆里逛了起来。

他们走到一处展台前，只见桌上放了好多食物，每个食物长得都是圆圆的模样，像一个馅饼，中间都雕刻着一个字母π。

朋友告诉小派："这种食物叫作Pie，因为它的发音和π相同，因此它就成了我们庆祝Pi Day的美食。就跟中秋节会吃月饼一样，Pi Day会吃馅饼Pie！"

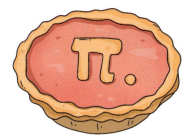

接着他俩又走到另外一处展台，这个展台上有几个孩子在比赛。只不过他们的比赛项目很奇怪，因为他们在背诵一串数字。

"他们在背什么呢？"小派很好奇。

"他们在背诵π的数值呢！"朋友笑了，"因为π的数值是无穷无尽的，因此这个比赛就是看谁记忆的π的位数最多。"

"哈哈，真有意思"，小派他们继续往前走。

突然小派好像发现了什么，激动地叫了起来："啊，我看见爱因斯坦了，这个爱因斯坦好有意思啊！"

朋友顺着小派的手势看过去，原来前面的墙上贴着爱因斯坦的画像，手里还拿着一个馅饼Pie。

"你知道为什么Pi Day会有爱因斯坦吗？"朋友问小派。

小派茫然地摇了摇头。

"因为3月14日也是爱因斯坦的生日，因此我们在Pi Day也会纪念爱因斯坦！"朋友最后公布了答案。

"原来是这样"，小派这下子恍然大悟，"Pi Day真是太有意思了！"

二、什么是圆周率？

前面那个故事里讲的π，它可有名了。π的全名叫作圆周率，它指的是圆的周长和直径的比值，人们习惯用希腊字母π来表示它。

也就是说，如果我们有一个圆，这个圆的周长是C，直径是D，那么我们就能得到下面的公式。

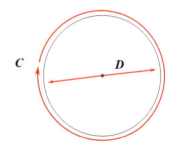

$$\pi = C \div D$$

如果我们画一条数字轴，在0和1之间画一个圆。

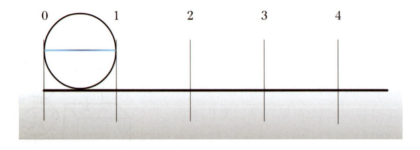

当我们把这个圆从0开始往右展开。

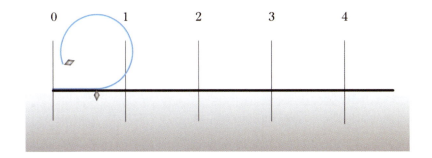

它会接连跨过1、2、3。

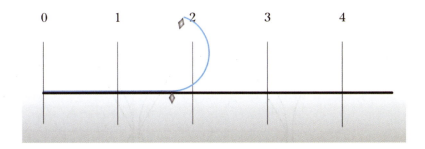

最后它将停在距离3比较近的地方,而这个地方就是π。

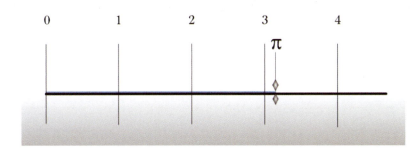

π的数值具体是多少呢?

从古至今,很多数学家都在研究它,可是一直没有人给出确切的答案。

很多人说,那我们用尺量一下这个距离,不就知道π的大小了吗?

虽说看起来很容易,但是这种计算π的方法非常难,因为人们很难创造一个非常标准的圆,这就意味着通过这种方法计算π,误差将会很大。

三、圆周率该怎么计算?

那有什么计算圆周率π更好的方法呢?

1. 阿基米德的"逼近法"

大约在公元前220年,古希腊数学家阿基米德想到了一个天才的方法。

第一步:他先画了一个圆,圆的周长是C,圆的直径是D,而π就等于$C÷D$。

第二步:他在圆的内侧画了一个正六边形,也就是6条边的边长都相等。

六边形的周长是C_1,直径和圆的直径一样是D,那么$C_1÷D$就等于3。

因为这个六边形的周长比圆的周长小,而直径和圆的直径一样,因此π的数值一定比3大。

也就是:π > 3。

第三步:阿基米德在圆的外面画了一个正方形。

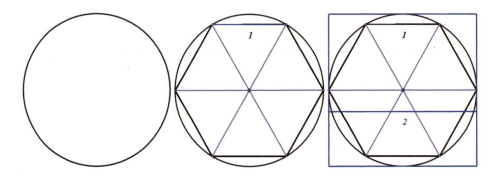

正方形的边长就等于圆的直径D,而正方形的周长是C_2,那么$C_2÷D=4$。

因为正方形的周长比圆的周长长,而直径和圆的直径一样,因此π的数值一定比4小。

也就是:π < 4。

通过上面的计算,阿基米德就可以估算出π的范围,它一定位于3和4之间。

紧接着阿基米德发现,如果圆内外嵌的多边形的边越多,那么它的周长会和圆越接近,从而算出来的π值会更精确。

因此他最后选择了正96边形,而得到的π的结果位于3.1408和3.1429之间。

$$3.1408 < π < 3.1429$$

而这个3.14就是我们经常用的π的数值,它竟然在公元前220年就被阿基米德计算出来了。

只可惜在公元前212年,古罗马军队入侵叙拉古,阿基米德被罗马士兵杀死,而圆周率的研究自此戛然而止。

2. 中国的贡献

(1) 刘徽的"割圆术"

在秦汉以前,人们以"径一周三"作为圆周率,也就是说 π = 3,这个值被称为"古率"。

后来,人们发现"古率"误差较大,圆周率应该是"圆径一而周三有余"。不过究竟余多少,不同人的意见不一。

直到魏晋时期,数学家刘徽运用了和阿基米德类似的方法,但与阿基米德同时运用外切和内切正多边形不同,他只用到了内接正多边形来逼近圆的周长,这个方法叫作"割圆术",也就是通过圆内接正多边形来细割圆,从而使正多边形的周长无限接近圆的周长。

刘徽说过"割之弥细,所失弥少,割之又割,以至于不可割,则与圆周合体而无所失矣。"

经过不懈努力,他一直割出到了正3072边形,得出 π ≈ 3.1416,这个结果的精确度不仅远高于"古率",也比阿基米德算出的 π 的精确值提升了两个小数位!

(2) 祖冲之的"缀术法"

大约200年后,中国南北朝时期的数学家祖冲之采用了一种叫作"缀术"的方法,求出 π 的数值在3.1415926和3.1415927之间,相当于精确到小数第7位,也就是3.1415926。只可惜目前这个方法已经失传。

而祖冲之也为此成为世界上第一位能把圆周率精确到小数点后第7位的科学家,领先西方1000多年。后人为了纪念他的贡献,把 π 又称为"祖冲之圆周率",简称"祖率"。

后来人们根据阿基米德和祖冲之的成果不断研究,只要分割的正多边形边数越多,那么计算出来的 π 就会越精确。于是,各国数学家在生成正多边形边数上展开了激烈的竞争。

如今，有了微积分和计算机，π的计算变得容易很多。2021年，瑞士科学家通过使用超级计算机，历经108天，将圆周率π计算到小数点后62.8万亿位，创下当时的世界纪录。

π的神奇之处在于它是一个无理数，即无限不循环小数，其小数部分永不重复且无穷无尽。这与普通有限小数或循环小数有本质区别。

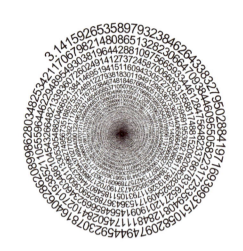

四、在生活中的应用

现实世界

为什么人们要不断研究圆周率π呢？

因为π的用处实在是太多了！

在当今的互联网时代，为了保护个人隐私，我们需要给一些重要的信息进行加密。

可是简单的密码很容易被黑客破解，从而造成机密信息的泄露，因此科学家们一直在探索寻找真正的无序无规则密码，只有这类密码才不容易被破解。

后来科学家们无意中发现了π，因为π的位数是无限无规则的，用它来辅助生成密码，能极大地提高密码的安全性。

试一试

圆周率π在数学中的应用更为广泛。

比如盖房子需要圆柱，那工匠师傅如何计算圆柱的体积呢？

我们就可以通过测出木头圆柱截面的直径，再量出木头的长度，最后利用π来计算木头的体积。

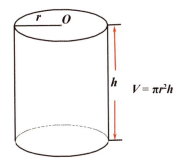

你知道吗?

圆周率π不仅在数学中至关重要，在物理学各个领域也扮演着关键角色。

π能帮助我们认识周期或振动系统，比如钟摆运动、电磁波，甚至音乐。π还可以用在粒子物理实验中，比如大型强子对撞机、量子力学的计算。更令人惊叹的是，当科学家计算宇宙密度时，背后依然还是有π的身影。

π真是无处不在，学好π，你就掌握了打开未知之门的那把钥匙!

07 圆

"BEAUTY OF MATHEMATICS"

$(a+b)^2 = a^2 + 2ab + b^2$

一、化圆为方？

公元前5世纪，古希腊有一位著名的哲学家阿那克萨戈拉。

那时候，人们都信奉神灵，大家都认为太阳就是阿波罗神，可是阿那克萨戈拉却不这么认为。

他说："哪有什么阿波罗太阳神啊！那个光彩夺目的太阳，就是一块起火的石头。而晚上发出清冷光芒的月亮，它也不是什么神仙。因为月亮本身不发光，全是因为反射了太阳的光，它才有了光亮。"

阿那克萨戈拉很勇敢地说出了自己的想法，可是他的这番言论在当时的古希腊无异于大逆不道。

这不是在亵渎神灵吗？那还了得！

于是阿那克萨戈拉很快就被抓了起来，扔进了监狱，而且经过审判，他被判处死刑。

家人朋友都为阿那克萨戈拉感到悲伤，可是他自己却毫不在意，即便身处狱中，依然在做着他的学术研究。

有一天晚上，阿那克萨戈拉睡不着觉，他看见圆圆的月亮透过正方形的铁窗照进牢房，他突发奇想。

"这个圆月亮有没有可能和那个正方形的铁窗面积一样大呢？"阿那克萨戈拉问了自己这么一个问题。

他从床上爬起来，不断变换自己观察的位置，一会儿看见圆比正方形大，一会儿又看见正方形比圆大。摆弄了一个晚上，他都没能想出答案。

后来经过朋友的多方求情，阿那克

萨戈拉终于被释放出来，他出来的第一件事情就是研究他在监狱里发现的那个问题：如何把一个圆变成相同面积的正方形呢？

他原本以为这个想法很容易，可是没想到，究其一生，阿那克萨戈拉都没有想出答案。

不仅他没想出来，后世的数学家们也都束手无策。

直到现在我们才知道，圆是不可能变成相同面积的正方形的，因为圆面积要用到π，而π是个小数位无穷无尽的无理数，自然没法用正方形来表示。

二、圆面积公式

那么圆面积究竟怎么计算呢？

我们前面讲过圆周率π，通过它就能计算圆的周长。

假设圆的半径是r，直径是d，而圆的周长是C，那么我们就能得到下面这个圆周长公式。

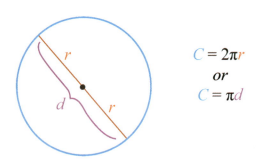

通过π，我们不仅能计算圆的周长，还能计算圆的面积。

我们假设圆的半径是r，圆的面积是A，那么我们就能得到下面这个圆面积公式。

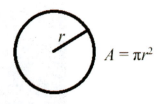

三、圆面积公式怎么得来的？

圆面积这个公式到底怎么来的呢？

中国古代有一本数学著作，叫作《九章算术》，这本书创作于公元一世纪左右。书里面有一句话："半周半径相乘得积步"。

这个"半周"指的是圆周长的一半，也就是 πr。"半径"指的是圆的半径，也就是 r。而"积步"的意思就是指圆的面积。

那么这句话的意思就是"半周"和"半径"相乘等于 πr^2，这就是"积步"，也就是圆的面积。

那么古人是怎么得到这个神奇的公式呢？

原来，他们想到这样一个非常巧妙的方法。

他们找到一个圆，把圆分成8等份。

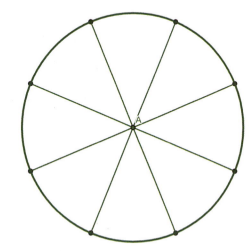

然后把这些扇形的碎片给上下拼接起来，最后拼出来的图形有点像长方形。

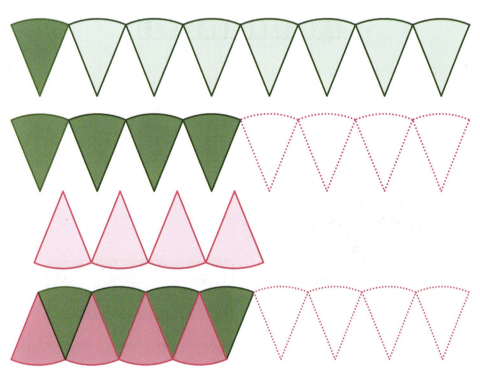

但美中不足的是,这些"长方形"的边不够平整,有很多弧度。

于是人们就想,如果我们把圆切割得再多一点,是不是长方形的边就会更平整呢?比如切割成32块扇形。

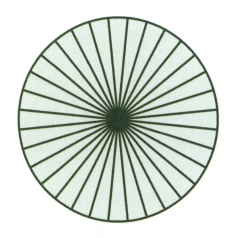

再把这些扇形上下拼起来,就会形成下面这个"长方形"。

如果我们把圆切割的块数越多,那么它上下拼接起来后,就会越逼近一个标准的长方形。

设想一下,当我们无限次地分割圆,直到最后无法区分线条,最终圆就可以变成一个完美的长方形。

假设圆的半径是 r，那么圆的周长就是 $2\pi r$。

经过这种圆到长方形的变换后，长方形的长其实就等于圆周长的一半，也就是 πr。而长方形的宽等于圆的半径，也就是 r。

那么长方形的面积等于长乘以宽，也就是 $\pi r \times r$，最后等于 πr^2。

因为长方形就是圆变换来的，因此圆的面积就等于长方形的面积，也就是 πr^2。

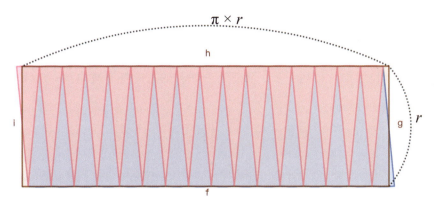

圆面积 $= \pi \times r \times r = \pi r^2$

四、勾股容圆

在我国古代有这样一个著名的几何问题，它最早被记录在西汉时期的《九章算术》中。

我们把这道几何题称为"勾股容圆"，什么意思呢？

在我国古代，直角三角形被称为"勾股形"，其中"勾"和"股"分别指直角三角形的两条直角边，"弦"指斜边。"勾股容圆"是指直角三角形内切圆的问题，即求直角三角形内切圆的半径或直径。

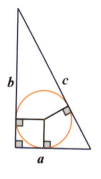

书中的题目是这样描述的：

今有勾八步，股十五步，问勾中容圆径几何？

翻译过来的意思就是：

在直角三角形中，较短的一条直角边长为8，较长的一条直角边长为15，求内切圆的直径是多少？

《九章算术》中给出的计算方法如下。

三位并之为法，以勾乘股，倍之为实，实如法得径一步。

第一句：三位并之为法，意思是将直角三角形的三条边相加，作为除数（法）。

$$法：a+b+c$$

第二句：以勾乘股，倍之为实，意思是将直角三角形的两条直角边相乘，再乘以2，作为被除数（实）。

$$实：a \times b \times 2$$

第三句：实如法得径一步，意思是内切圆的直径等于被除数（实）除以除数（法）。

$$d = \frac{2ab}{a+b+c}$$

虽然《九章算术》给了计算内切圆直径的公式，但是并没有记载具体的推导过程，因此后人很多只是简单地套用公式。

直到魏晋时期的数学家刘徽为《九章算术》编了注，人们才搞清楚为什么要这样计算。

首先，将四个完全的直角三角形，拼接成一个大长方形。

其次，将该长方形拆分成 $5 \times 4 = 20$ 个部分，分别为朱、青各8个，黄4个。

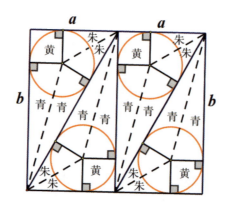

最后，将各部分重新拼合成一个新的长方形，这个长方形的长为 $a+b+c$，宽为圆的直径 d，如右图所示。

因为两个长方形的面积完全相等，前一个长方形的长为 $2a$，宽为 b，面积为 $2ab$；后一个长方形的长为 $a+b+c$，其宽为圆的直径 d。

因此，圆的直径 $d = \dfrac{2ab}{a+b+c}$。

五、在生活中的应用

🔆 **现实世界**

生活中圆形无处不在，比如水管横截面是圆形的，下水管道横截面是圆形的，隧道横截面是圆形的，甚至连植物根茎的横截面很多都是圆形的。

为什么这些都是圆形，而不是正方形、长方形或三角形这些图形呢？

这就和圆的面积、周长等息息相关了！

✏️ **试一试**

假设我们有4根绳子，长度都一样，一根围成正方形，一根围成长方形，一根围成圆形，还有一根围成三角形。那么哪根绳子围成的面积最大呢？

　正方形　　　　　长方形　　　　　圆形　　　　　三角形

当我们学会计算面积后，通过计算就可以看出来，圆形的面积是最大的。这也就意味着，如果周长相同的情况下，圆形会有最大的面积。

这也就是上水管、下水管等都是圆形的原因了，因为耗费同样建筑材料造出来的管道，圆形管道横截面的面积最大，这也就意味着管道吞吐量也最大，使用效果最好。

这就是生活中用到的管道基本上都是圆形的原因。

◲ 你知道吗？

其实圆形还有一个奥妙之处，因为圆的四周受力是均匀的，因此圆柱体也是最坚固的，它的承重能力会比其他图形都要强。这也是宫殿的柱子、大象的腿都是圆柱体的原因。

08
加减法

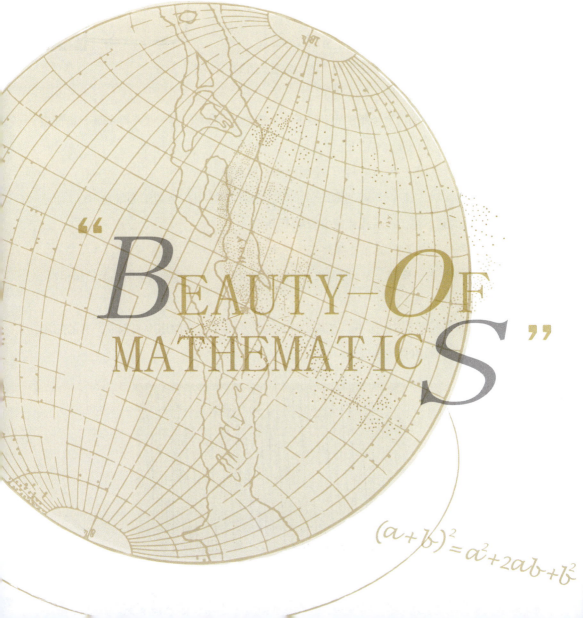

"BEAUTY OF MATHEMATICS"

$(a+b)^2 = a^2 + 2ab + b^2$

一、"一筹莫展"是"筹"还是"愁"？

小派是个非常爱思考的孩子，有一天他写了篇作文，里面有一句话是这样写的。

"今天数学题好难啊，我真是一愁莫展。"

没想到老师批改完后，却在"一愁莫展"的"愁"字上打了一个红色的叉。

"什么？这个成语哪里写错了？"小派有点不服气，他找到老师去请教。

"老师，我这个成语写的是对的啊！"小派解释说，"因为题目太难，所以我很发愁，因此就是一愁莫展啦，这里的'愁'就是发愁的'愁'！"

听完小派的解释，老师笑了。

"你理解错啦！"老师在纸上写下一个成语，"你看，这才是一筹莫展，里面应该用'筹'，而不是'愁'！"

"为什么用这个'筹'呢？"小派百思不得其解。

"其实啊，这个'筹'起源于中国古代的'算筹'！"老师耐心地解释，"而整个成语的意思是，一点儿计策也施展不出。"

"啊，明白了！"这下小派终于恍然大悟。

老师说的"算筹"是中国古代一个伟大的发明，它在春秋战国时期就已经出现，是古人用于计算的一个工具。

"算筹"看起来很简单，它其实就是一堆小棍子，有的用木头制成，有的用象牙制成，有的用骨头制成。

利用这些小棍子,古人不仅可以很方便地表达数字,而且还可以进行数字计算,而后人用的算盘就是基于算筹的原理发明出来的。

二、算筹里的加减法

算筹可以用来表示数字,它有两种数字表示方式,一种是纵式,另一种是横式。

先说纵式,纵摆的每根算筹都代表1,当表示6～9时,则在上面横着摆一根算筹代表5。

再说横式,横摆的每根算筹都代表1,当表示6～9时,则在上面竖着摆一根算筹代表5。

因此,数字1～9用算筹的表示方法就是下面这个样子。

纵式	|	||	|||	||||	|||||	T	∏	∏|	∏||
横式	—	=	≡	≣	≣	⊥	⊥	⊥	⊥
	1	2	3	4	5	6	7	8	9

那么如何利用算筹进行数字计算呢?

比如计算23+73,应该怎么算呢?

古人会把23摆成下面这个样子。为了简化理解难度,这里都用纵式来表示。

而73就是这个样子。

那怎么计算23+73呢?

古人会将算筹摆成下面这个样子,两者相加的结果就是96。

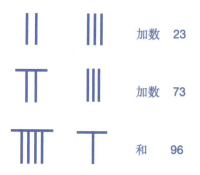

后人把这个过程简化成阿拉伯数字，于是它就表示成了下面这样，而这就是我们学的竖式加法。

$$\begin{array}{r} 23 \\ +73 \\ \hline 96 \end{array}$$

三、算筹的进化

算筹是中国的一个伟大发明，它对于中国古代数学的发展功不可没，著名数学家祖冲之计算圆周率就是用算筹完成的。

但是算筹也有一个很大的缺点，那就是需要很多空间去摆放算筹，如果位数越多，那么需要摆放的空间就越大。

于是后人基于算筹的原理发明了算盘。

算盘分为两档，上面一档的珠子代表5，下面一档的珠子代表1，这样就起到了和算筹类似的计算效果。

但是因为算盘都是由一个一个的小珠子组成，体积更加小巧，手指拨动起来更加方便，操作也更灵活，计算也更方便。

四、在生活中的应用

🔆 现实世界

算筹的发明不仅方便了加减法运算，而且它还有一个更大的意义，那就是建立了数字中的十进制。

在古代文明中，每个文明对于数学的理解是不同的。

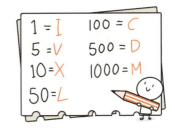

古罗马数字系统里没有位值制的概念，只有七个基本符号，别说计算，就算表示一个数字都是异常的复杂。

玛雅数字系统采用二十进制，并引入了位值制的概念。巴比伦数字系统采用六十进制，并引入了位值制的概念。

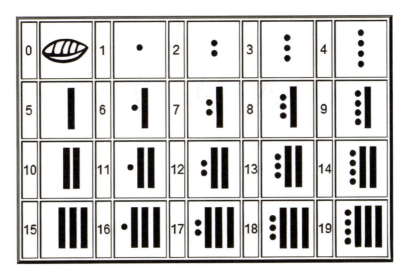

二十进制

六十进制

无论是二十进制还是六十进制,他们的数字表示都需要几十个数码,无论记数还是计算都是无比的复杂。

而中国古人建立的十进制,既简单又易于计算,正因为它将中华数学的发展推向了一个全新的高度。

中国的十进制

> 你知道吗?

中国人不仅发明了十进制,还在算筹的基础上发明了算盘。算盘是一种利用珠子进行计算的工具,被称为古代最便捷的"计算器"。

"三下五除二"是一句中国成语,形容做事干净利索、迅速高效。

这个成语起源于算盘的珠算技巧,它的原始含义是如果算盘的下档有2个或2个以上的珠时,再加上3的话,这时候应该从上档拨下一颗珠,下档去除两颗珠。

试一试

让我们来试一试吧!

计算4+3,我们该怎么运用算盘进行"三下五除二"呢?

算盘上下档一开始有4颗珠。

这时候再加上3的话,就把上档拨下1颗珠。

然后从下档的4颗珠里,移除2颗珠。

那么这时候算盘所表示的数字就是7,而这也是4+3的结果。

怎么样,咱们古人是不是很神奇啊!

09 乘除法

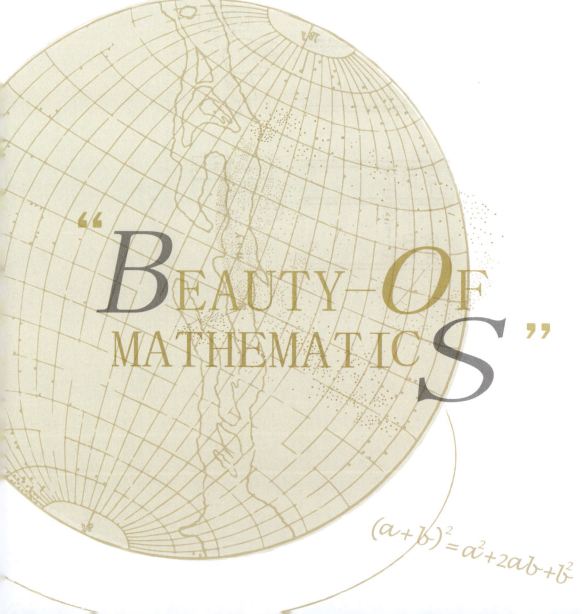

"BEAUTY OF MATHEMATICS"

一、日本人的魔法

学校里来了一群日本小朋友,他们到中国学校来交流学习。

其中有一个小男孩,名字叫柯南,看起来古灵精怪的,很聪明。

有一天,老师在教孩子们学乘法,他们学习的题目是:

$$12 \times 32$$

突然柯南举手说:"老师,我们日本有一种魔法,可以快速搞定乘法!"

全班学生都很诧异,目光齐刷刷地投向了柯南。老师也邀请柯南来到讲台,向大家展示他的魔法。

只见柯南不慌不忙地掏出了几根小木棍。

首先他把木棍摆成了下面的样子,1根蓝色木棍和2根绿色木棍,这就代表数字12。

其次他又拿出3根橙色木棍和2根红色木棍,交叉着放在之前的木棍上面,这代表着数字32。

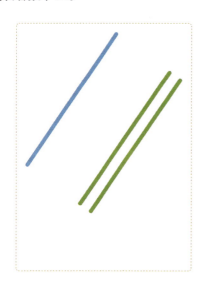
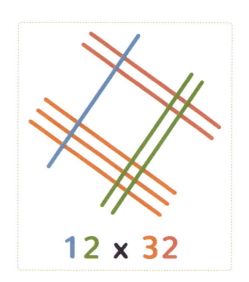

"你看,这就是 12 × 32",柯南摆好木棍后,笑着对大家说。

"什么呀?这哪知道结果啊?"台下的同学们都窃窃私语起来,他们也不知道柯南葫芦里卖的什么药。

紧接着，柯南让大家数两套木棍交叉点的数量，并把这些数字记录下来。

"好了，答案出来了！"柯南画了三个框框，从左到右分别是百位数、十位数和个位数。百位数是3，十位数是2+6等于8，而个位数是4，那么最后12×32的结果就是384。

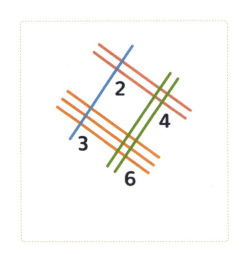
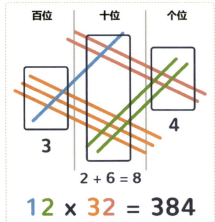

瞬间，大伙都惊呆了，台下的孩子们纷纷在草稿纸上计算，果真柯南的答案完全正确。

他竟然靠几根小木棍，就完成了这么难的乘法，真是太神奇了！

难道柯南真的有魔法吗？

二、乘法的含义

哪有什么魔法啊！柯南用的其实是日本一套很古老的计算方法，看起来很神奇，其实背后的原理非常简单，就是我们平时学的十进制乘法。

就拿12×32为例。

在十进制乘法里，我们是怎么计算12×32呢？老师会教学生列出下面的算式。

但其实它也是分为百位数、十位数和个位数这三列，和日本乘法一模一样。

日本乘法其实就是基于十进制乘法的一种形式变化，而且是基于乘法分配律的应用。

我们可以把算式做下面的变换。

$12 \times 32 = (1 \times 10 + 2) \times (3 \times 10 + 2) = 1 \times 3 \times 100 + (2 \times 3 \times 10 + 2 \times 1 \times 10) + 2 \times 2 = 384$

对应木棍的那张图，就可以变成下面这样。

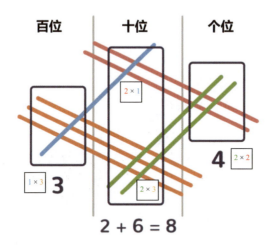

这就是日本乘法背后的原理。

三、中国古人的乘法

虽然日本乘法很神奇，但是中国古人的算术完全不亚于他们。

因为中国古人不仅能够计算加减乘除，他们还发明了一张神奇的表，那就是举世闻名的九九乘法表。

这张表一般用1到9这九个数字来表示，计算每两个数字相乘的结果。

1×1=1								
1×2=2	2×2=4							
1×3=3	2×3=6	3×3=9						
1×4=4	2×4=8	3×4=12	4×4=16					
1×5=5	2×5=10	3×5=15	4×5=20	5×5=25				
1×6=6	2×6=12	3×6=18	4×6=24	5×6=30	6×6=36			
1×7=7	2×7=14	3×7=21	4×7=28	5×7=35	6×7=42	7×7=49		
1×8=8	2×8=16	3×8=24	4×8=32	5×8=40	6×8=48	7×8=56	8×8=64	
1×9=9	2×9=18	3×9=27	4×9=36	5×9=45	6×9=54	7×9=63	8×9=72	9×9=81

《西游记》大家都看过吧？吴承恩在《西游记》一书中写道：

唐僧要去西天取经，必须经历"九九八十一难"。

而这"九九八十一难"就是乘法表里的一栏，意思是9×9等于81。

吴承恩是明朝人，但其实乘法表早在春秋战国时期就出现了。

早在2002年，人们在湖南出土了3万多枚秦简，这里面有一批秦简特别奇特，因为上面写满了数字，人们把它拼凑在一起才发现，这些数字组合成了一张表格，而这张表格就是"九九乘法表"。

因为有了这张表，中国人的计算速度得到了飞速的提高。而且这张表随着丝绸之路的开启，传向了西方，帮助了西方数学的发展。

四、在生活中的应用

💡 现实世界

因为九九乘法表是基于十进位制而发明的。那些没有完善位值制系统的文明，如古希腊、古埃及和古罗马，就不可能有自己的乘法表。

考古学家发现，古埃及人是通过累次叠加法来计算乘积的。例如计算 5×13，先将 $13 + 13$ 得26，再叠加 $26 + 26 = 52$，然后加上13得65。

$$13 + 13 = 26 \rightarrow 2 个 13$$
$$26 + 26 = 52 \rightarrow 4 个 13$$
$$52 + 13 = 65 \rightarrow 5 个 13$$

古巴比伦算术采用六十进制位制系统，如果他们有自己的乘法表，应该是"59×59"乘法表，而不是"9×9"乘法表，算起来，需要 $59 \times 60 \div 2 = 1770$ 项。由于数量庞大，古巴比伦人主要使用现成的数表进行计算，而不是记忆完整的乘法表系统。

> 试一试

日本乘法的计算方法非常有趣，它能很直观地帮我们了解乘法的含义。

它的计算方法也很方便，如果在没有计算器的情况下，画几条线、摆几根木棍就能帮我们进行乘法运算。

如果我们需要计算：

$$12 \times 15$$

你能不能尝试着用日本乘法的计算方法，画几条线就能给出答案呢？

> 你知道吗？

这就是 12×15 的计算方法，它还可以实现从个位数到十位数的进位功能。

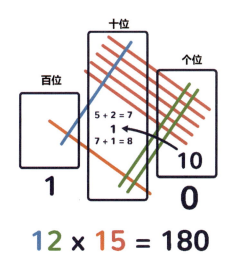

你算对了吗？

10 四则运算

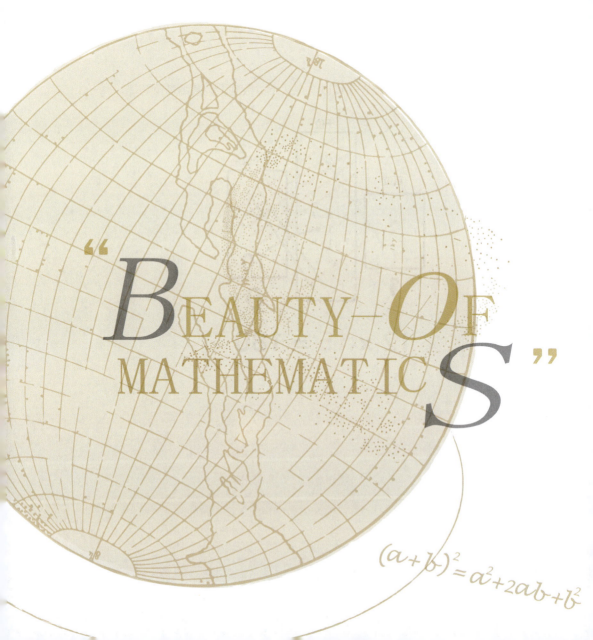

"Beauty of Mathematics"

$(a+b)^2 = a^2 + 2ab + b^2$

一、可怕的九头虫

传说唐僧师徒四人西天取经时，路过一座寺庙，叫作金光寺。金光寺里有一座宝塔，宝塔上放了一颗宝珠，祥云笼罩，夜放霞光，是一件盖世珍宝。

可是有一天这颗宝珠突然不见了！

原来附近有一个碧波潭，潭里面住了一个很厉害的妖怪，叫作九头怪，正是这个九头怪偷走了宝珠。

孙悟空和猪八戒决定帮助金光寺的僧人夺回宝珠，于是他们跑到碧波潭，找到了九头怪。

当看到九头怪的一刹那，猪八戒倒吸了一口凉气："天哪，这个九头怪怎么这么凶恶！"

九头怪是个很厉害的妖怪，它长了9个头，每个头上都有4个尖刺，它还有4个脚，每个脚上也长了3个尖刺。

要打败九头怪，得把这妖怪身上的尖刺都拔了才行。

可是它身上到底有多少尖刺呢？

孙悟空列出了下面的算式：

$$9 \times 4 + 4 \times 3$$

但关于算式的结果，孙悟空和猪八戒却陷入了争执。

猪八戒说："简单！从左到右依次计算就行啦，因此答案是120。"

$$9 \times 4 + 4 \times 3$$
$$= 36 + 4 \times 3$$
$$= 40 \times 3$$
$$= 120$$

可是孙悟空却有不同的意见："应该是先算乘法，然后算加法，因此答案是48。"

$$9 \times 4 + 4 \times 3$$
$$= 36 + 4 \times 3$$
$$= 36 + 12$$
$$= 48$$

小朋友，考考你！

到底孙悟空和猪八戒谁的答案正确呢？九头怪身上究竟有多少尖刺呢？

答案是孙悟空正确，九头怪身上一共有48个尖刺。

为什么猪八戒会做错呢？

二、四则运算顺序

在数学运算里，有一个重要的运算顺序规则，称为PEMDAS法则（也称为运算次序），这个法则把运算分成以下4个优先级。

第一级：P指的是Parentheses（括号）。

第二级：E指的是Exponents（指数）。

第三级：MD指的是Multiplication和Division（乘除）。

第四级：AS指的是Addition和Subtraction（加减）。

简单概括起来就是：先括号，后指数，再乘除，最后加减。

同一级的运算，按照从左到右的顺序进行。

而在前面的故事里，孙悟空和猪八戒分别给了不同的答案。

孙悟空计算时，是按照先乘除后加减的顺序进行，因此他得到的答案是正确的。

$$9 \times 4 + 4 \times 3$$
$$= 36 + 4 \times 3$$
$$= 36 + 12$$
$$= 48$$

而猪八戒计算时，忽视了运算顺序，他完全按照从左到右的顺序进行，因此他的答案是错误的。

$$9 \times 4 + 4 \times 3$$
$$= 36 + 4 \times 3$$
$$= 40 \times 3$$
$$= 120$$

三、四则运算的顺序是怎么来的？

1. 为什么要规定先乘除后加减呢？

你可能会问："为什么要规定先乘除后加减呢？为什么不能先加减后乘除呢？"

其实这是源于乘法的定义。

比如3×4，它的意思是"3个4相加"，因此可以表示成下面这样。

$$3 \times 4 = 4 + 4 + 4$$

如果有这样的算式：

$$2 + 4 + 4 + 4$$

我们可以利用加法交换律和结合律，先计算4+4+4这部分。

$$2 + 4 + 4 + 4$$

而它又可以表示成：

$$2 + 3 \times 4$$

这就意味着我们需要先计算乘法，再计算加法。

2. 换个角度去理解

我们还可以从生活中的常识去理解。

还是对下面这个算式：

$$2 + 3 \times 4$$

我们可以这么理解：一共有3个盒子，每个盒子里有4颗球，然后盒子外面还有2颗球，问一共有多少颗球？

针对这个问题，我们可以分以下两步。

第一步：计算出3个盒子里球的数量，也就是3×4，等于12。

第二步：结合外面2颗球，计算出球的总数，也就是2+3×4。

这就是通过生活中的案例，去理解乘法先计算的原因。

3. 如果是除法和减法怎么办？

如果是除法的话，我们可以理解为乘以一个数的倒数；而如果是减法的话，我们可以理解为加上一个负数。

因此除法和乘法在运算中的级别一样，而加法和减法在运算中的级别也一样，乘除法会先于加减法进行计算。

4. 为什么要规定先指数后乘除呢？

我们还是用生活中的常识来理解，比如有2个盒子，每个盒子里放着3排巧克力，每一排巧克力有3颗，盒子外面还有4颗巧克力，问一共有多少颗巧克力？

针对这样的问题，我们可以分三步走。

第一步：计算出每个盒子里巧克力的数量，就是 3×3，也可以表示成 3^2。

第二步：计算出2个盒子里巧克力的总数，也就是 2×3^2。

第三步：结合盒子外的4颗巧克力来计算，也就是 $4 + 2 \times 3^2$。

你看，这就是先算指数，然后算乘除，最后算加减的原因。

5. 为什么会有括号？

就是因为运算符号有先后之分，乘除法都在加减法前面运算，但是如果在某些场合，我们需要先计算加减法，后计算乘除法怎么办？

这个时候就需要括号了！

我们把需要先进行计算的算式围上括号，这样括号里面的部分会先计算，再计算括号外面的部分。

这样我们运算会方便很多！

四、在生活中的应用

💡 现实世界

数学世界里到处都是符号、线、点、箭头、英文字母、希腊字母、上标、下标……有时候看起来杂乱无章，那么它们到底是怎么来的呢？

原来，加法符号"+"实际上起源于拉丁文"et"（意为"和"）。

减法符号"−"首次出现在1489年德国数学家约翰内斯·维德曼的书中。

等号"="由英国数学家罗伯特·雷科德在1557年的著作《砺智石》中首次引入，因为频繁地写"等于"两个字而感到疲惫，于是他用两条平行的水平线代替了"等于"这个词，因为在他的眼里没有更相等的两个事物了。

乘法符号"×"由英国数学家威廉·奥特雷德在1631年引入。

除法符号"÷"由瑞士数学家约翰·拉恩在1659年引入，这个符号从一个能分割物体的短剑图案演化而来。

你知道吗？

四则运算顺序真是太重要了，它是我们学数学的基础。

而且它还有一个神奇的地方，同样的数字，当我们运用不同的运算符号，再结合运算顺序，那么我们就会得到截然不同的结果。

例如，同样是4个4，在里面填上包括括号在内的各种运算符号，就会得到不同的运算结果。

4	4	4	4	=	3
4	4	4	4	=	7
4	4	4	4	=	6
4	4	4	4	=	8
4	4	4	4	=	24
4	4	4	4	=	28
4	4	4	4	=	32
4	4	4	4	=	48

$$(4 + 4 + 4) \div 4 = 3$$

$$(4 + 4) \div 4 + 4 = 6$$

$$4 + 4 - (4 \div 4) = 7$$

$$4 + 4 + 4 - 4 = 8$$

试一试

试着挑战一下，给接下来的四个等式加上不同的运算符号，让等式成立吧。最后公布答案啦！

$$4 \times 4 + 4 + 4 = 24$$

$$(4 + 4) \times 4 - 4 = 28$$

$$4 \times 4 + 4 \times 4 = 32$$

$$(4 + 4 + 4) \times 4 = 48$$

你算对了吗？

四则运算顺序很重要，一定不能搞错哟！

11 数学运算三定律

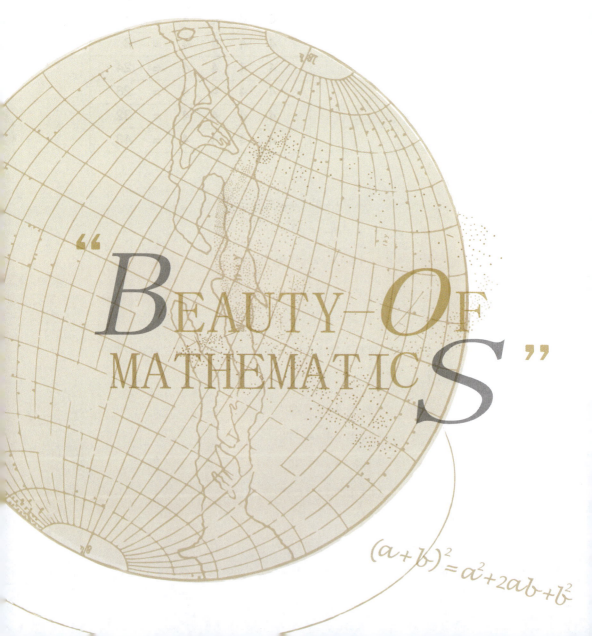

"BEAUTY-OF MATHEMATICS"

$(a+b)^2 = a^2 + 2ab + b^2$

一、数不清的铜钱

在战国时期,人们常常用铜钱作为货币,往往买一件商品,需要好多的铜钱。有一天,一位卖酒翁拉了一车酒到一个酒馆门口。

"掌柜,你要买酒吗?我酿的酒可香了,13钱一缸!"卖酒翁向掌柜推销自己的酒。

掌柜尝了尝这酒,确实很香醇,当即决定买12缸。

"12缸酒,每缸13钱,该收多少钱呢?"卖酒翁开始在地上画圈,第一缸酒画13个圈,第二缸酒再画13个圈……以此类推,最后数地上有多少个圆圈,就代表需要收多少铜钱。

数了半天,卖酒翁给出了答案,"掌柜的,总共是155钱!"

"不对吧?"掌柜也认真数了一遍,"我怎么数的是157钱?"

到底是155还是157呢?两人就此争执了起来。地上的圆圈真是太多了,一不小心就容易数错,周围的人群叽叽喳喳的,不过谁也没能给出正确答案。

这时候,一位书生走了出来,他手里还拿着一卷竹简。

"大家别争了,我来帮你们算算看!"说完书生把竹简铺在桌上。这套竹简很是奇妙,上面密密麻麻写着很多数字,凑在一起竟然是一张数字表。

如果我们把它翻译成阿拉伯数字,就是下面这张表格。

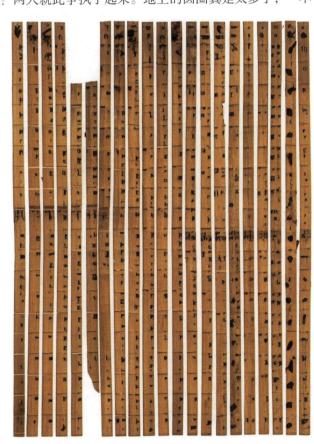

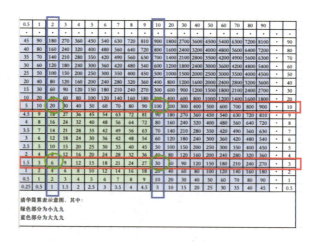

接着书生从第一行找到数字10和2，从最后一列找到数字10和3。它们交叉的地方一共有4个数字，分别是20、100、6和30。

然后书生把这4个数字相加，也就是20 + 100 + 6 + 30，得到的结果是156。

"你们都错了，应该是156钱！"书生最后宣布了答案。

真是这样吗？有好几位围观的人再去把地上的圆圈仔细数一遍，果真最后得到的答案也是156。

原本要数半天的铜钱，书生很快就给出了答案，大伙都对他佩服得五体投地。

为什么书生能够算得那么快呢？全是因为他用的那套竹简。这竹简可不得了，它是战国时期人们用的计算器。

如今，这套来自战国时期的竹简被完整地保存在清华大学，因此它被称为"清华简"，而其中负责计算的那部分竹简就叫作"算表"。它还获得了吉尼斯世界纪录大全认证，被评为人类最早的十进制计算器。

通过这张"算表",古人就可以进行乘除法的运算了。之前书生计算铜钱的方法,就是利用这张表格来计算的。

他把12分成10和2,13分成10和3,于是12×13就变成了(10+2)×(10+3),利用"算表"就能得到10×10+10×3+2×10+2×3,这不就是我们现在说的"乘法分配律"吗!没想到几千年前的古人,就已经掌握乘法分配律的方法了。

二、数学运算三大定律

数学运算里有三大定律,分别是交换律、结合律和分配律。

1. 第一个是交换律

(1)加法交换律

加法有交换律,它指的是两个加数相加,交换加数的位置,和不变。

也就是说:

$$a + b = b + a$$

(2)乘法交换律

乘法也有交换律,它指的是两个数相乘,交换因数的位置,它们的积不变。

也就是说:

$$a \times b = b \times a$$

2. 第二个是结合律

(1)加法结合律

加法有结合律,它指的是三个数相加,先把前两个数相加,或者先把后两个数相加,和不变。

也就是说:

$$(a + b) + c = a + (b + c)$$

(2)乘法结合律

乘法也有结合律,它指的是三个数相乘,先把前两个数相乘,再和另外一个数相乘,或者先把后两个数相乘,再和另外一个数相乘,积不变。

也就是说:

$$(a \times b) \times c = a \times (b \times c)$$

3. 第三个是分配律

只有乘法才有分配律。

乘法分配律指的是两个数的和（差）与同一个数相乘，可以先把两个加数（减数）分别同这个数相乘，再把两个积相加（减），结果不变。

也就是说：

$$a \times (b + c) = a \times b + a \times c$$

或：

$$a \times (b - c) = a \times b - a \times c$$

"算表"就是数学运算三大定律的运用，可是你知道这些定律是怎么得来的吗？其实我们玩的积木就是理解三大定律最好的方法。

三、数学三大定律的证明

1. 交换律

（1）加法交换律

首先取出2块黄色积木和3块橙色积木，摆成图中的样子。

这样积木的数量是 2 + 3。

接着把两组积木调个次序，变成3块橙色积木和2块黄色积木，摆成图中的样子。这样积木的数量就是 3 + 2。

因为积木总数不变，因此我们就能得到 2 + 3 = 3 + 2，这就是加法交换律。

（2）乘法交换律

首先取出2块黄色积木、2块橙色积木和2块绿色积木，排成图中的样子。

每组2块积木，一共有3组，这样积木的数量是2×3。

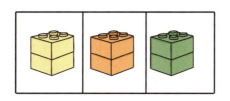

同样的积木，我们做一个变换，把它变成每组3块积木，一共有2组，这样积木的数量就是3×2。

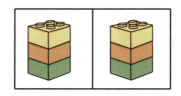

因为积木总数并没有发生变化，因此2×3＝3×2，这就是乘法交换律。

2. 结合律

（1）加法结合律

我们取出1块绿色积木、2块黄色积木和3块橙色积木，摆成图中的样子。

这样积木的总数就是(1＋2)＋3。

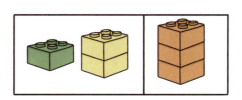

同样的积木，我们做一个变换，将2块黄色积木挪到右边方框去，也就是图中的样子。

这样积木的总数就是1＋(2＋3)。

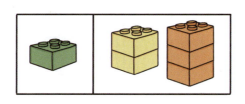

因为积木总数并没有发生变化，因此 (1 + 2) + 3 = 1 + (2 + 3)，这就是加法结合律。

（2）乘法结合律

我们取出8块橙色积木、8块黄色积木和8块绿色积木，排成图中的样子。

每一组有2行，每一行有4块积木，总共有3组，那么积木的总数就是（2×4）×3。

同样的积木，我们做一个变换，每个颜色有4块积木，每个方框有3种颜色，一共有2个方框，这样积木的总数就是2×(4×3)。

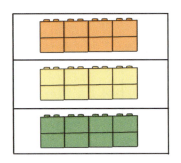 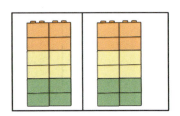

因为积木总数没有发生变化，因此（2×4）×3 = 2×（4×3），这就是乘法结合律。

3. 乘法分配律

我们取出6块橙色积木和8块黄色积木，把它分成2组，每组是3块橙色积木加上4块黄色积木。

这样积木的总数就是2×（3 + 4）。

同样的积木，我们做一个变换，把它变成2组。

第一组有2列，每一列有3块橙色积木，这样橙色积木的数量就是2×3。

第二组有2列，每一列有4块黄色积木，这样黄色积木的数量就是2×4。

因此总的积木数量就是2×3 + 2×4。

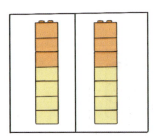 

因为积木总数没有发生变化，因此 $2 \times (3 + 4) = 2 \times 3 + 2 \times 4$，这就是乘法分配律。

四、在生活中的应用

> 现实世界

数学运算定律是计算的基础，而且用好运算定律，能帮数学运算效率得到显著的提高。

就拿计算机系统来说，每个加减乘除的运算都是一条计算机指令，如果指令数量越少，那么计算机执行的速度也越快。

比如计算：

$$3 \times 1 + 3 \times 2$$

如果让计算机按照正常流程计算，需要进行2次乘法和1次加法的运算，共计3次运算。

但如果我们用乘法分配律变换一下这个表达式，变成：

$$3 \times (1 + 2)$$

那么计算机只需要进行1次加法和1次乘法运算，只需要2次运算，速度较之前提升三分之一。

我们再把这个表达式延伸下去，计算：

$$3 \times 1 + 3 \times 2 + 3 \times 3 + \cdots + 3 \times 100$$

如果按照计算机的正常流程来计算，需要进行100次乘法运算和99次加法运算，合计199次运算。

但如果我们用乘法分配律变换一下的话，把它变成：

$$3 \times (1 + 2 + 3 + \cdots + 100)$$

那么计算机只需要进行100次加法和1次乘法运算，合计101次运算，这样速度就会较之前提升近一半。

乘法分配律很有用，对不对？不过，请你再仔细观察，如果我们引入交换律和结合律，那么是不是计算机的运行效率还能得到提高？

在 3 × (1 + 2 + 3 + ⋯ + 100) 这个表达式中，我们单独看右边那个部分，也就是：

$$1 + 2 + 3 + \cdots + 100$$

我们可以运用交换律和结合律，把数字变成两两一组，也就是下面这样：

$$(1 + 100) + (2 + 99) + (3 + 98) + (4 + 97) + \cdots + (50 + 51)$$

每个小组里的和都是相等的，而小组的数量是 100 ÷ 2 个。于是我们可以把表达式做这样的变换：

$$(1 + 100) \times 100 \div 2$$

那么我们就能得到下面的变换：

$$3 \times 1 + 3 \times 2 + 3 \times 3 + \cdots + 3 \times 100$$
$$= 3 \times (1 + 2 + 3 + \cdots + 100)$$
$$= 3 \times (100 + 1) \times 100 \div 2$$

如此一来，计算机的计算次数只需要1次加法、2次乘法和1次除法，合计4次运算。

对比之前需要的199次运算，效率提升了大约98%。

这就是数学运算定律带来的神奇魅力！

你知道吗？

其实乘法分配律还可以通过几何图形来理解，例如：

求：$64 + 64 + 64 = 8 \times \square$

小朋友，你们是不是还在先把3个64相加得到192，然后将192除以8得出最后的答案24呢？

这种方法虽然能得出正确答案，但是过于烦琐。

如果运用乘法分配律，就能轻松得出正确答案。

$$8 \times 8 + 8 \times 8 + 8 \times 8 = 8 \times \square$$

$8 \times (8 + 8 + 8) = 8 \times 24$，因此 $\square = 24$

如果运用几何图形，如何来理解呢？

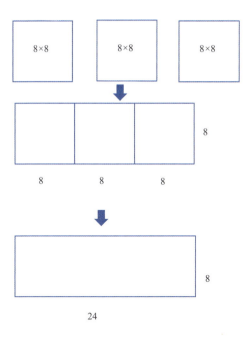

64＋64＋64可以理解为3个边长是8的正方形相加，最后拼成宽为8、长为24的长方形。

试一试

请你利用几何图形思维，计算$(a+b) \times (c+d)$。

我们先假设一个大的长方形，长为$a+b$，宽为$c+d$。

将大长方形拆分成4个小的长方形，长和宽分别为a和c，b和c，a和d，d和b。

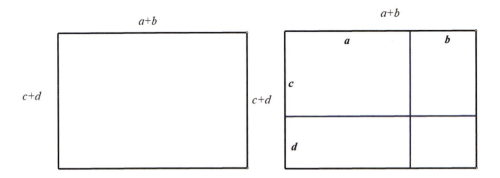

因此，大长方形的面积等于四个小长方形的面积之和。

即$(a+b) \times (c+d) = a \times c + b \times c + a \times d + b \times d$。

12 杨辉三角形

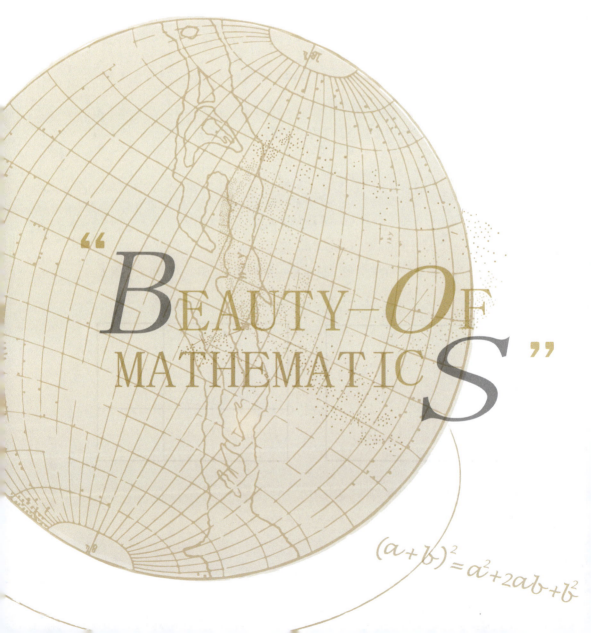

"BEAUTY OF MATHEMATICS"

$(a+b)^2 = a^2 + 2ab + b^2$

一、神奇的数学三角形

小派是个特别聪明，也特别善于思考的孩子，有一天他被邀请参加一个国际数学夏令营，那里汇集了世界各地的同龄小朋友。

开营的第一天，老师想测试一下孩子们的数学水平，于是给大家布置了几道测试题。

第一道题是：

$11 \times 11 = $ ____

孩子们纷纷拿出了草稿纸，在纸上开始列式计算，可是小派却没有。

"121"，他不假思索地给出了答案。

老师投来赞许的眼光，于是她又出了第二道题：

$11 \times 11 \times 11 = $ ____

"1331"，正当大家紧锣密鼓地忙着计算时，小派又迅速给出了答案。

老师点了点头，接着她又出了第三道题：

$11 \times 11 \times 11 \times 11 = $ ____

依然还是小派，当老师刚写出问题的一刹那，他就给出了答案："14641"。

怎么能这么快？有的孩子还不服气，他们在纸上计算了半天，果真答案还真是"14641"，和小派的答案一模一样。

"你是不是有魔法啊？怎么可以计算这么快？"孩子们聚到小派身边，纷纷向他请教快速计算的奥秘。

小派只是笑了笑，没说话，而是拿起笔，在纸上画了一个大大的数字三角形。

```
第一层                    1
第二层                   1 1
第三层                  1 2 1
第四层                 1 3 3 1
第五层                1 4 6 4 1
第六层              1 5 10 10 5 1
第七层             1 6 15 20 15 6 1
第八层            1 7 21 35 35 21 7 1
第九层           1 8 28 56 70 56 28 8 1
                          …
```

"这个三角形是什么意思？"看着小派的三角形，大伙反而更好奇了。

"这个三角形可神奇了"小派笑着告诉他们，"它叫杨辉三角形，是中国古代一位数学家发明的，我的数学奥秘就在这个三角形里！"

紧接着，他指着三角形的第三行给大家展示，这不就是 11×11 的结果吗？

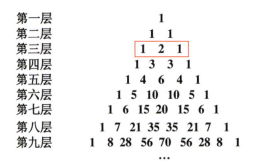

再看第四行，这不就是 11×11×11 的结果吗？

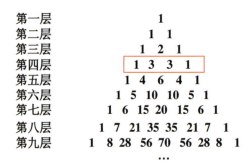

还有第五行，这不就是 11×11×11×11 的结果吗？

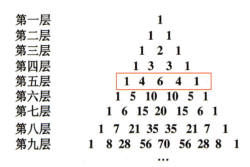

这下孩子们恍然大悟，小派这个三角形太神奇了，竟然藏着这么多的数学秘密！

二、什么是杨辉三角形？

小派说的那个三角形可是大有来头，它是中国数学史上的一个伟大发现，叫作"杨辉三角形"。

在南宋时期,有一位名叫杨辉的数学家,他特别喜欢研究数学。

有一天,他在摆弄数字的时候突然发现一个很神奇的现象。

他写下一个数字1。

然后假设数字1左右两边各有一个数字0。

于是,他把这两个数字两两相加,下面一行又多出了两个数字1。

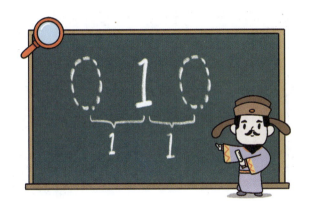

他依然想象着第二行的数字1左右两边各有一个数字0,再两两相加,于是得到了第三行。

紧接着第四行:

第五行:

就这么不断加下去，最后得到了一个无穷无尽的三角形。

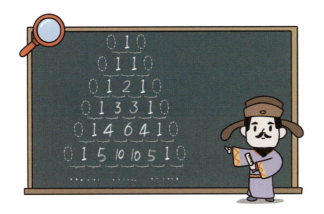

这就是"杨辉三角形"！

西方有一位名叫帕斯卡的科学家也发现了这个三角形，因此在西方，这个三角形叫作"帕斯卡三角形"，但其实帕斯卡的发现要比杨辉的记载迟上足足393年！

三、杨辉三角形的秘密

杨辉三角形里到底藏了哪些秘密呢？为什么它是我国古代数学的杰出研究成果之一呢？

让我们一起来看一看杨辉三角形中到底隐藏了哪些数学秘密吧！

1. 2的次方

如果把每一行的数字都加起来，你会发现它有一个神奇的规律。

比如：

第一行数字之和为1，它是2的0次方。

第二行数字之和为2，它是2的1次方。

第三行数字之和为4，它是2的2次方。

第四行数字之和为8，它是2的3次方。

……

你发现了吗？每一行的数字之和，都等于2的一个次方。

进一步观察你会发现，行数和次方数也有关系，也就是说第 n 行数字之和，就等于 2^{n-1}。

2. 11的秘密

还有一个秘密不得不提，那也是前文故事里小派的看家本领。

我们看第三行的数字排列，它是"1 2 1"，我们把第一个1看成百位数，第二个2看成十位数，第三个1看成个位数。

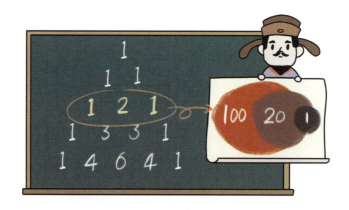

因此，我们就能得到 $1 \times 100 + 2 \times 10 + 1 \times 1$ 的算式，而这个结果就是121。

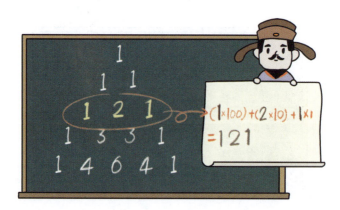

而它恰好就是 11×11，也就是 11^2。

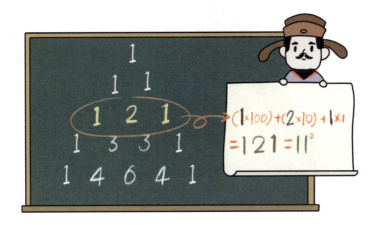

我们再看第七行，把它变成：

$1×1000000+6×100000+15×10000+20×1000+15×100+6×10+1$

答案是 1771561。

而这个数字正好是 11^6。

你看，杨辉三角形每一行的数字变换其实就是 11 的幂。

进一步你会发现，第 n 行的数字变换，就等于 11^{n-1}。

3. 对角线

我们再看杨辉三角形的第三条对角线，它形成了一个很奇特的数列，叫作"三角形数"。

为什么这个叫作"三角形数"呢?它背后有一个很有意思的现象。

比如看杨辉三角形对角线的数字3,我们可以画出一个数量为3的三角形。

而对角线的数字6,我们可以画出数量为6的三角形。

还有对角线的数字10,我们可以画出数量为10的三角形。

这条对角线的每一个数字,依次对应一个三角形的数量,因此我们把它称为"三角形数"。

这还不算完,后面还有更神奇的!

我们看杨辉三角形的第四条对角线,它上面的数字叫作"四面体数"。

比如看杨辉三角形对角线的数字4,我们可以画出数量为4的四面体。

而对角线的数字10,我们可以画出数量为10的四面体。

对角线的数字20，我们可以画出数量为20的四面体。

你看，就这么一个数字三角形，竟然把数字计算、几何图形的很多规律都完美地融合在了一起，中国古代科学家的这个发现真是太了不起了！

四、在生活中的应用

现实世界

杨辉三角形对数学的贡献实在太大了，它能解决我们生活中的很多问题。就比如说生活中常见的概率问题，杨辉三角形就能派上很大的用场。

举个例子：

老师要选2个学生组成一个小组，她希望队伍里能有1个女生和1个男生。

可问题是,她是随机在班上选的,每次抽两个学生,有可能抽到的都是男生,有可能抽到的都是女生,也有可能抽到的是一男一女。

那么请问:她抽到一男一女的概率是多大呢?

我们把老师选人可能出现的情况都列出来,X代表男生,Y代表女生。

因此抽签会出现4种情况,分别是:

$$XX、XY、YX、YY$$

那么出现一男一女的概率就是$\frac{2}{4}$ = 50%。

其实用杨辉三角形能完美地解决这个问题。

我们看第三行:

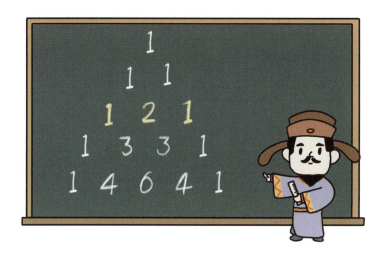

它可以写成:

$$1XX + 2XY + 1YY$$

也就是说:1种情况是XX(两个男孩),2种情况是XY(一男一女或一女一男),1种情况是YY(两个女孩)。

因此我们只需要看杨辉三角形那个系数2,就能知道一男一女出现的可能性了,再用2除以4得到的50%就是出现一男一女的概率了。

📖 你知道吗?

其实杨辉三角形每一行的数字,也代表了二项式分解的规律。

比如第二行可以这样表示:

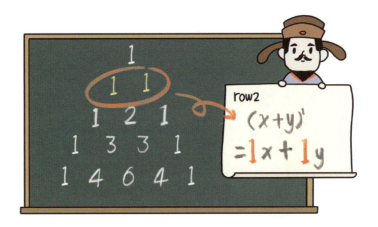

第三行可以这样表示：

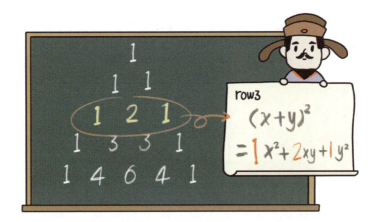

第四行可以这样表示：

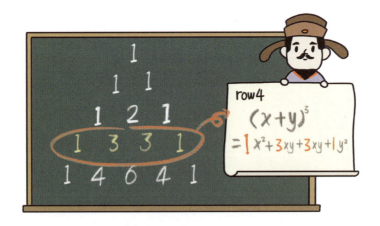

二项式的 n 次幂分解后的系数对应杨辉三角的第 $n+1$ 行的数字。

杨辉三角形还有更多的奥秘，就等待聪明的你去慢慢发掘啦！

> 试一试

如果这次老师要从班级同学中随机抽取5名学生组成一个小组,其中男生2人、女生3人的概率是多少?

13 勾股定理

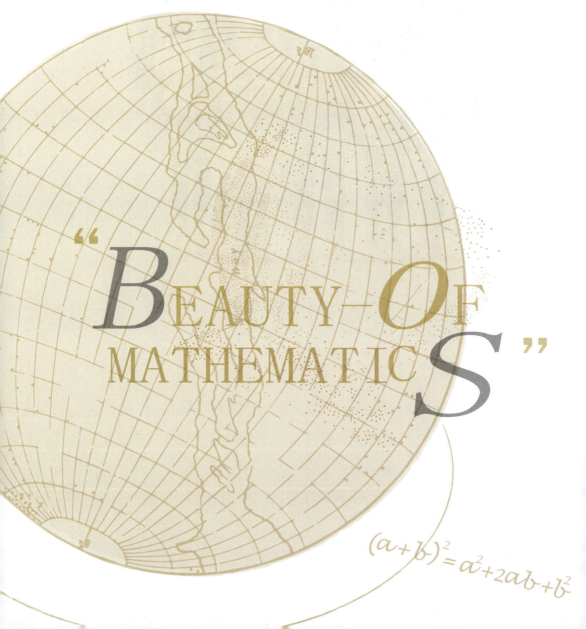

"BEAUTY-OF MATHEMATICS"

$(a+b)^2 = a^2 + 2ab + b^2$

一、聪明的小测量员

在古埃及，有一位聪明的小测量员。

有一天，高高在上的法老给他们发号命令："我需要建造一座雄伟的金字塔，但是金字塔的底部一定要是完美的正方形！"

接到命令后，那些测量员们都犯了难，其中也包括那位小测量员。

如果希望金字塔底部是正方形的话，那么它四个角的角度一定得是直角才行，可是怎样才能保证金字塔的底部是直角呢？

眼看着施工时间一天一天逼近，大家都一筹莫展。

小测量员忧心忡忡地走回家，回家的路上，他看见周围农田里的农民在划分田地，他们划分田地的方法很奇怪，只用了一根绳子，绳子上打了12个绳结。

然后他们把绳子组合成一个三角形。

再用这个三角形作为标尺去衡量田地。

小测量员惊讶地发现,通过这个方法,一大片农田竟然被划分成很多块工工整整的长方形。

"真是太神奇了!",小测量员眼睛一亮,他脑子里突然冒出了一个好主意。

他连忙赶回了工地,也做了一根绳子,绳子上打了12个绳结,然后组合成一个三角形。

大伙看到小测量员的三角形,立刻欢呼了起来:"哇,这不就是一个直角吗!"

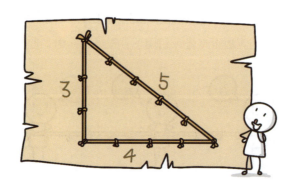

于是，大家开始用这个三角形来测量金字塔，结果金字塔底部果真建成了完美的正方形！（如何测量，请写明过程）

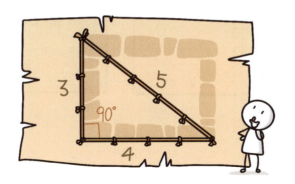

二、什么是勾股定理？

古埃及那位小测量员测量金字塔的方法其实是数学上一个非常著名的几何定理，它叫作"勾股定理"。为什么叫勾股定理呢？因为中国古代称直角三角形为"勾股形"。直角边中较短者称为"勾"，较长者称为"股"，斜边为"弦"。

那么什么是勾股定理呢？

我们先看一个直角三角形，它有三条边，边长分别是 a、b 和 c。

对于这个直角三角形来说，它的三条边长之间符合一个奇妙的规律。

那就是：两条直角边的平方和等于斜边的平方。

用数学语言表达就是：

如果直角三角形的两条直角边长分别是 a、b，斜边长为 c，那么 $a^2+b^2=c^2$.（摘自人教版数学教材）

换句话说，如果哪天我们突发奇想，在直角三角形的每条边上分别画一个正方形。

那么图中橙色和黄色两个正方形的面积之和，就等于蓝色正方形的面积。

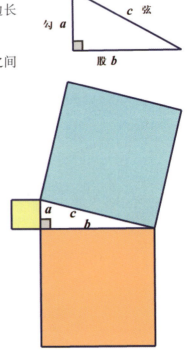

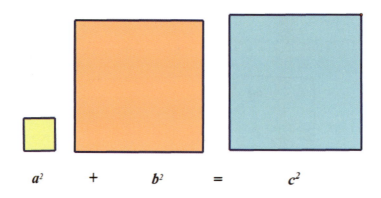

这个奇妙的规律，在西方被称为"毕达哥拉斯定理"，而我们中国人更习惯叫它"勾股定理"。

而满足勾股定理 $a^2 + b^2 = c^2$ 的正整数组（a,b,c）这样的数字组合就被称为"勾股数组"，比如（3,4,5）就是其中的一组。（注意：勾股数必须是正整数，一定要说明，这样才严谨）

你发现了吗？古埃及那位小测量员用的绳子，它的三条边长分别就是3、4、5，恰好是一组"勾股数组"，而古埃及人测量直角的方法，所运用的方法恰恰就是勾股定理。

三、勾股定理简史

说起勾股定理，它的历史可长了！

早在公元前1800年，古巴比伦人就已经掌握了勾股数的应用，并记录了大量勾股数组。现藏于美国哥伦比亚大学的"普林顿322号"泥板便是典型例证。

上面竟然神奇地罗列着15组勾股数组。

在中国数学典籍《周髀算经》中,记载着西周时期数学家商高和周公的一段对话。

商高说:"……故折矩,勾广三,股修四,经隅五。"

意思是当直角三角形的两条直角边分别为3(勾)和4(股)时,斜边(弦)的长度为5。

后人就把商高的这句话翻译成"勾三股四弦五"。而商高也成为全球第一位发现勾股定理的数学家,因此在中国,我们把这一数学理论称为"勾股定理",也有人称其为"商高定理"。

古希腊有一位伟大的数学家毕达哥拉斯。他用图形的方法成功地证明了勾股定理,因此西方人就把这一定理称为"毕达哥拉斯定理"。

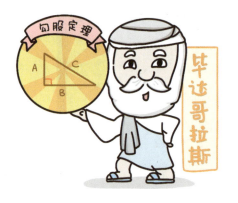
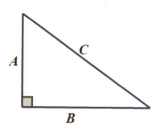

四、勾股定理的证明

1.最直观的演示方法：积木三角形

那怎么演示勾股定理呢？有一个最简单的方法。

使用常见的乐高积木，找出若干块大小相同的积木，然后按照3、4、5的边长拼成一个三角形。然后以三角形的每一条边作为边长，拼出一个正方形。

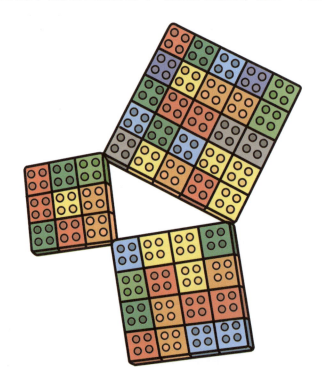

那么这个三角形就是一个直角三角形。

数一数，以三条边为边长组成的正方形，有多少块积木呢？

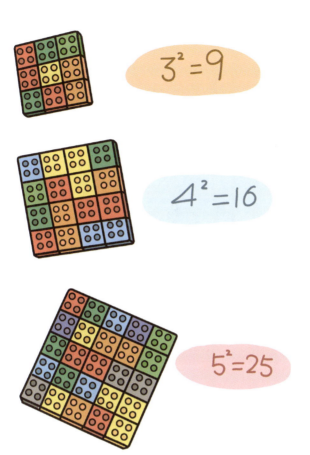

$$9 + 16 = 25$$

这就是勾股定理。

2. 毕达哥拉斯的证法

上面那个方法最直观,可是不够严谨,那么有什么更严谨的方法呢?

历经了几百年,毕达哥拉斯想出了一个方法!

他找了4个一模一样的三角形,每条边长都是 a、b、c。

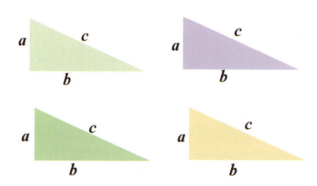

然后将这四个三角形拼成了一个大正方形。

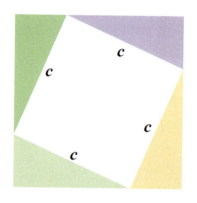

而这个大正方形的内部还藏着一个小正方形,它的面积是 c^2。

接着他做了一件让人匪夷所思的事情,他开始移动图形内部的三角形。

把它变成了这个样子。

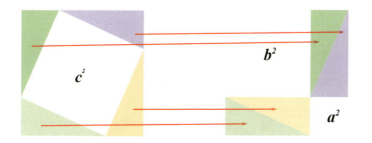

如下图，左边图形中白色正方形的面积是 c^2，右边图形中两个白色正方形的面积分别是 a^2 和 b^2。

而这两边的正方形面积相等，因此就能得到这样的结论：

$$c^2 = a^2 + b^2$$

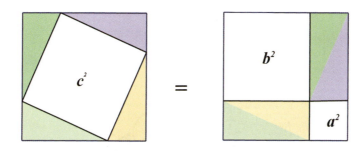

这就是毕达哥拉斯证明勾股定理的方法。

五、在生活中的应用

现实世界

建筑工人建一座房子，屋顶需要铺木头。

屋顶铺的木头

建筑工人怎么知道这段木头需要多长呢?

他们就可以先算出黄色线段的长度。

然后运用勾股定理,就能计算出红色线段的长度,而它就是建筑工人所需要木头的长度。

无论是工程建造,还是测距仪、GPS等测量、导航仪器,勾股定理都发挥了巨大的作用。这就是神奇的"勾股定理"!

试一试

一艘船只在大海里航行,如果已知目的地距离船只的坐标是,北边方向300千米,西边方向400千米,那么你能通过勾股定理计算出船只距离目的地的距离吗?

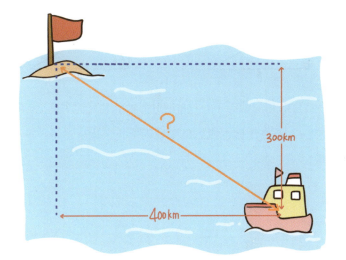

你知道吗？

爱因斯坦在12岁的时候就已经证明了勾股定理，而且证明的方法非常简单，小学生都能看得懂。

他将1个直角三角形一分为二，形成3个直角三角形。

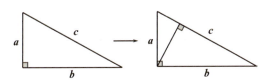

因为这3个三角形对应角都相等，那么这3个三角形的面积就是等比关系。三角形最长边形成的正方形也是等比关系。

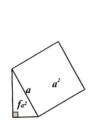 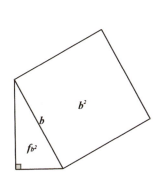 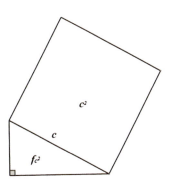

因为2个小三角相加等于1个大三角，那么

那么2个小三角形相加就等于1个大正方形啦。到目前为止已经有五六百种证明勾股定理的方法,或许,你也能想出比爱因斯坦、比毕达哥拉斯还要简单的证明方法,加油哦!

14 斐波那契数列

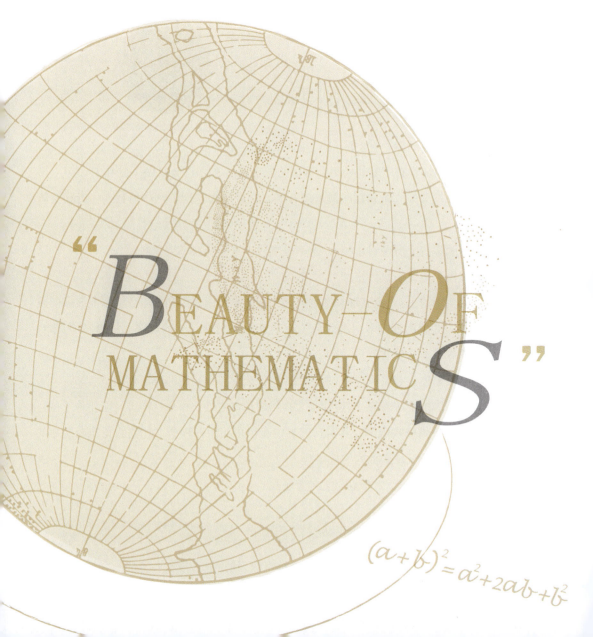

"BEAUTY-OF MATHEMATICS"

一、松果密码

深秋的森林,小松鼠栗栗正在为过冬发愁:"松果太小容易丢,太大又难搬运,有没有'刚刚好'的松果呢?"

想到这里,小松鼠栗栗决定收集最完美的松果。它把手头上的松果仔细对比和观察,突然发现了一个奇怪的地方——松果身上的螺旋纹路好像有一定的规律。

于是,小松鼠栗栗用树枝在沙地上画出松果纹路(如下图),发现两种螺旋方向。

向左旋转的螺旋有8条。向右旋转的螺旋有13条。

它又对比检查了其他松果,得到的数字都是5和8、8和13、13和21……

小松鼠栗栗立刻蹦蹦跳跳地离开了家,准备去把这个奇怪的数列告诉猫头鹰博士。

猫头鹰博士捋捋胡须说:"这不是魔法,这是斐波那契数列!"

小松鼠栗栗满脸疑惑:"什么数列?"

猫头鹰博士:"斐波那契数列!因为它最早是由意大利著名数学家斐波那契发现的,因此就用他的名字来命名了。这个数列符合这样的规律:从第三项开始,每一项等于前两项之和——1,1,2,3,5,8,13,21……"

小松鼠还是不懂:"那松果的鳞片为什么要符合斐波那契数列呢?"

猫头鹰博士接着说:"这就是大自然的神奇之处,松果这样排列能让种子挤得最紧密,不怕风吹雨淋!其实自然界中有很多花朵和种子,它们的花瓣或鳞片的数量就符合斐波那契数列的规律!"

小松鼠惊叹道:"那真是太神奇了!"

二、什么是斐波那契数列?

那么,斐波那契是如何发现这个神奇数列的呢?

原来，800年前的一天，斐波那契在观察小兔子的时候，想到了一个很有意思的问题。

他说，如果把1对兔子（1只雌兔和1只雄兔）关进一个笼子里，它们每个月都会生1对小兔子（1只雌兔和1只雄兔），而这对小兔子长到一个月变大后，也开始生1对新的小兔子（1只雌兔和1只雄兔），假设这些兔子都不会死，那么每个月有多少对兔子呢？

于是斐波那契就画了一张表。

第1个月：只有1对小兔子，兔子数量是1对。

第2个月：小兔子变成了大兔子，兔子数量还是1对。

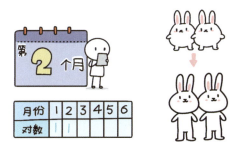

第3个月：大兔子生了1对小兔子，加上原本那对大兔子，于是兔子数量变成了2对。

第4个月：大兔子又生了1对小兔子，而之前的小兔子也长成了大兔子，于是

兔子数量变成了3对。

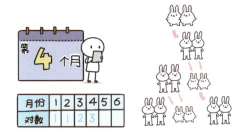

第5个月：按照之前的逻辑，这个月的兔子数量变成了5对。

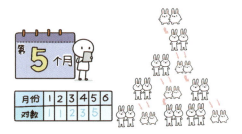

第6个月：兔子数量变成了8对。

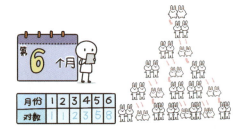

按照上面的算法，斐波那契统计了一年的兔子数量，最后得到了下面这张表。

当把兔子数量组成数列时，他发现了一个神奇的规律：

1,1,2,3,5,8,13,21,34,55,89,144

这个数列从第三项开始，每一项等于前两项之和。

于是，斐波那契数列从此诞生了！

三、斐波那契数列的魔力

1. 算个"平方"吧！

斐波那契数列是一串神奇的数字。

如果我们把数列里的每个数字进行平方运算，于是我们能得到一个新的数列。

1	1	2	3	5	8	13	21	34	55	…
1	1	4	9	25	64	169	441	1156	3025	…

接着把这些新的数列依次加起来。

$$1 + 1 + 4 = 6$$
$$1 + 1 + 4 + 9 = 15$$
$$1 + 1 + 4 + 9 + 25 = 40$$
$$1 + 1 + 4 + 9 + 25 + 64 = 104$$

看看这些新得到的数字，你发现有什么奇怪的地方了吗？

它们都等于两个数字的乘积，就像下面这样：

$$1 + 1 + 4 = 6 = 2 \times 3$$
$$1 + 1 + 4 + 9 = 15 = 3 \times 5$$
$$1 + 1 + 4 + 9 + 25 = 40 = 5 \times 8$$
$$1 + 1 + 4 + 9 + 25 + 64 = 104 = 8 \times 13$$

2, 3, 5, 8, 13, …

你发现规律了吗？

没错，这些平方数之和就等于斐波那契数列的乘积。

就拿最后一行做例子，我们可以表示成下面这样。

$$1^2 + 1^2 + 2^2 + 3^2 + 5^2 + 8^2 = 8 \times 13$$

左边是斐波那契数列的平方和，而右边是斐波那契数字的乘积。

真的好神奇!

2. 为什么会这样呢?

为什么会有这样神奇的现象呢?我们可以画一张图,用图来解释。

首先画两个边长为1的正方形,把它们排在一起。

然后下面画一个边长为2的正方形。

接着右边画边长为3的正方形。

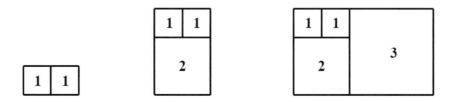

下边画边长为5的正方形。最后右边画边长为8的正方形。

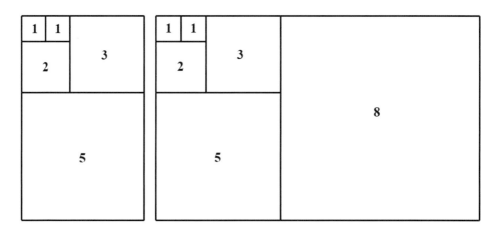

那么问题来了,这个长方形的面积是多大呢?

我们想到最简单的方法就是,把里面每个小正方形的面积都加起来。

于是这个长方形的面积就等于:

$$1^2 + 1^2 + 2^2 + 3^2 + 5^2 + 8^2$$

我们还有另外一种方法,那就是利用长方形的面积公式。

于是,我们算了一下长方形的长和宽,得到下面的结果。

$$长 = 5 + 8$$

$$宽 = 8$$

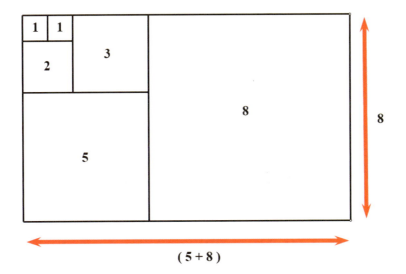

于是，长方形的面积又等于：

$$(5+8) \times 8 = 13 \times 8$$

这就是下面那个神奇公式得来的原因！

$$1^2 + 1^2 + 2^2 + 3^2 + 5^2 + 8^2 = 8 \times 13$$

四、在生活中的应用

你知道吗？

刚才得到的那张图很有意思，如果我们再拓展一下，又会变成什么样呢？

我们可以在每个正方形里，以正方形的顶点为圆心，边长为半径，画出四分之一的曲线，再连接所有曲线，最后能形成一条螺旋线。而这条螺旋线就叫作"斐波那契螺旋线"。

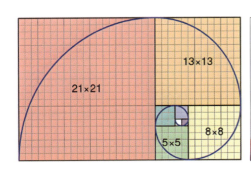
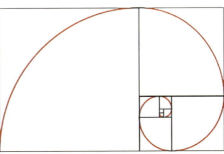

🔍 **现实世界**

拥有"斐波那契螺旋线"的物体真是太多了!

比如人类的指纹是斐波那契数列。

鹦鹉螺是斐波那契数列。

向日葵花盘是斐波那契数列。

甚至连银河系也有斐波那契数列的影子。

✏️ **试一试**

因为这个螺旋线在自然界里无处不在。无论是天文地理,还是植物动物,都有很多斐波那契数列的身影。

你能想到哪些物体拥有"斐波那契螺旋线"吗?

15 黄金比例

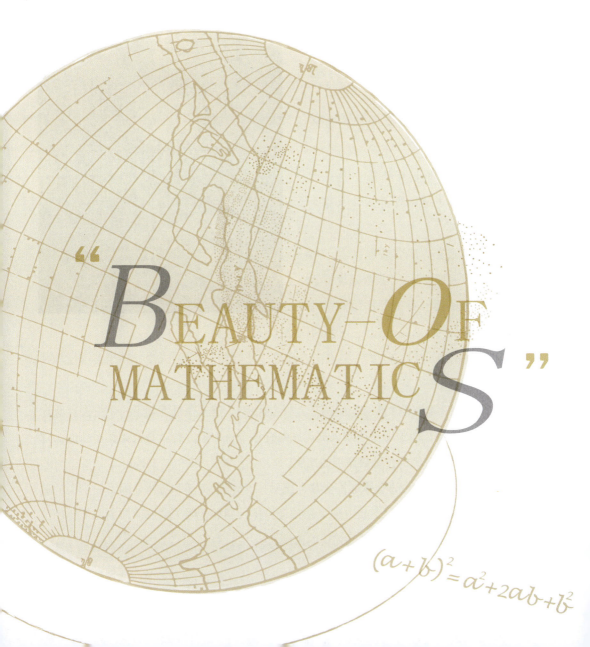

"BEAUTY OF MATHEMATICS"

$(a+b)^2 = a^2 + 2ab + b^2$

一、蒙娜丽莎的微笑

有一天,爸爸妈妈带着小派去法国卢浮宫参观。

卢浮宫收藏了很多艺术珍品,当他们走到一个大厅时,发现前面围了很多人,大家都对着墙上一幅作品作凝神张望。

"快看快看"妈妈突然眼睛一亮,"这幅作品就是传说中的《蒙娜丽莎》!"

顺着妈妈的手势看过去,小派果然看到了一幅作品挂在墙上,里面是一位女士,她正微笑着,笑容看起来优雅迷人。

"真的好好看啊!"小派发出了一声惊叹。

一旁的爸爸笑着说,"你知道达·芬奇的这幅作品为什么这么迷人吗?"

小派努力地盯着作品看了半天,然后摇摇头:"我就是觉得蒙娜丽莎的脸和身体的比例都很漂亮,但是为什么这么迷人,我可不知道!"

"那是因为黄金比例"爸爸耐心地给小派解释,"一般来说,满足黄金比例的图都会很漂亮!"

"比如说蒙娜丽莎的头部就符合黄金比例!"爸爸在纸上画了一个符合黄金比例的长方形,而蒙娜丽莎的头部正好贴合这个长方形,也就是说蒙娜丽莎的头部比例满足黄金比例,是最完美的比例。

"再比如说她的身体也符合黄金比例!"爸爸在头部和身体处画了一个大的黄金比例的长方形,这个长方形也是贴合身体,同样证明了蒙娜丽莎的身体比例也满足黄金比例,是全世界最完美的比例。

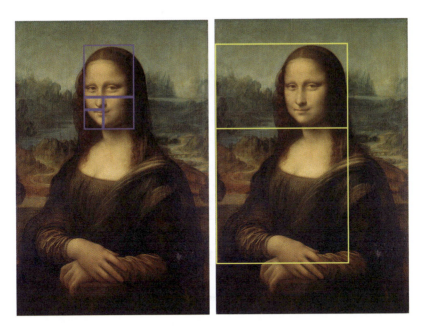

小派恍然大悟:"明白了!原来艺术作品里还有这么多数学的奥秘,黄金比例真是太神奇了!"

二、什么是黄金比例?

"黄金比例"又称为"黄金分割",这一数学概念最早可追溯至公元前300年左右。古希腊数学家欧几里得在其著作《几何原本》中首次系统地描述了这一比例。

欧几里得将一个线段分成两部分,一段长度是 a,另一段长度是 b。

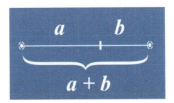

而 a 和 b 满足下面的条件。

$$\frac{a+b}{a} = \frac{a}{b}$$

当这个等式成立的时候,我们把 a 除以 b 得到的这个比例称为Φ,这也就是黄金分割比例。

$$\frac{a+b}{a} = \frac{a}{b} = \Phi$$

那么Φ的值是多少呢？

如下图所示，Φ就像π一样，小数点后的数字无穷无尽，所以它也是一个无理数。于是，为了简化计算难度，人们就把黄金分割比Φ的值取1.618。

$$\Phi = \frac{1+\sqrt{5}}{2} = 1.6180339887\cdots$$

如果把上面说的 *a* 和 *b* 分别当作长方形的长和宽的话，我们就能得到一个"完美"的长方形，长方形长和宽的比例是1.618。

这个长方形被称为"黄金矩形"，小派的父亲画出的长方形就是黄金矩形，而《蒙娜丽莎》之所以看起来那么完美，就在于画家达·芬奇在设计这幅画作时，在人物比例构造中潜移默化地融入了"黄金矩形"。

三、斐波那契数列和黄金比例

斐波那契数列和黄金比例大有关系！

这是一串斐波那契数列：

1, 1, 2, 3, 5, 8, 13, 21, 34, …

如果用数列的后一个数字除以前一个数字,会出现什么现象呢?我们尝试一下吧!

A	B	B / A
2	3	1.5
3	5	1.666666666…
5	8	1.6
8	13	1.625
…	…	…
144	233	1.618055556…
233	377	1.618025751…
…	…	…

结果发现,当斐波那契数列的数值越大,用这个数字除以前一个数字后得到的结果就越靠近黄金分割比Φ。

这个结果太有用了!因为黄金分割比Φ是无理数,表示起来非常不容易,那么我们完全可以利用"斐波那契数列"来设计黄金矩形。

我们前面讲过利用"斐波那契数列"可以画出长方形,长方形可以随着"斐波那契数列"不断增长,而这个长方形我们就可以把它当作"黄金矩形"。里面的"斐波那契螺旋线"被称为"黄金螺旋线"。

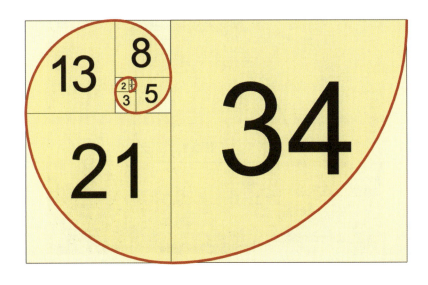

四、在生活中的应用

> 现实世界

黄金比例Φ是一个很神奇的数字,它早在古希腊就被人们发现,而且用于很多艺术作品中。

比如古希腊著名的雕塑《米洛斯的维纳斯》,它上身长度和下身长度的比例正好是黄金比例。

再如古希腊神庙,它的整体结构也符合黄金比例。

比如古埃及的金字塔,它的结构也符合黄金比例。

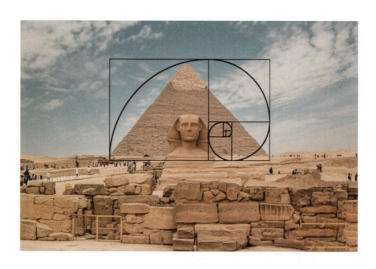

再如苹果公司的商标,也是融入了黄金比例的设计元素。

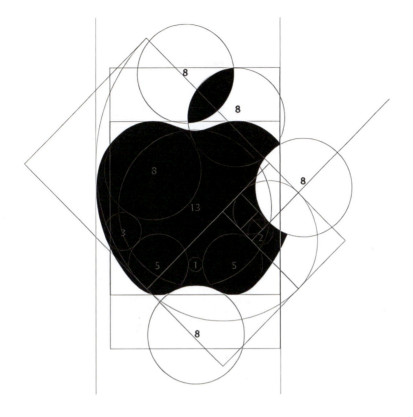

📷 你知道吗？

就拿人体来说，其实我们人体也融入了黄金比例的元素。

做个小实验吧！

拿一把尺，量一量你的大臂和小臂（包含手）的长度，算一算它们的比例是多少？

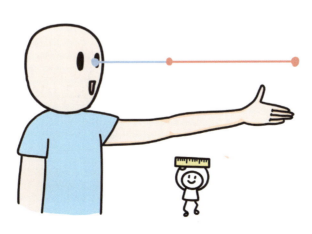

再量一量你的小臂和手的长度，算一算它们的比例是多少？

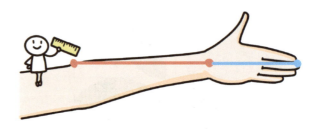

接着量一量你的手掌和手指的长度，算一算它们的比例是多少？

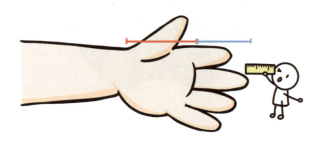

测完后，将你的数据写在纸上。

你会惊奇地发现，它们的比例都接近1.618，也就是黄金比例！

原来，就连人体也存在黄金比例啊。

试一试

黄金比例在我们生活中发挥了极其重要的作用，它也是数学和艺术的一次完美融合。

你在生活中还能找到哪些事物符合黄金比例吗？

16 平面图形和立体图形

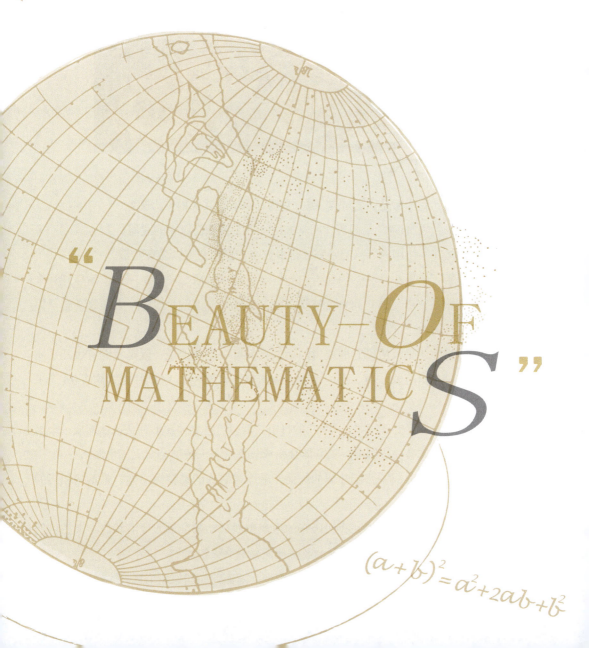

一、"二向箔"的降维打击

在刘慈欣的《三体》小说中,当歌者文明清理三体文明时,无意中发现了地球文明的痕迹。于是,他们就像清理垃圾一样,随手向太阳系中扔下了一张二向箔。人类最初并未意识到这是一种致命的武器,以为它只是一张会发光的小卡片。然而,当二向箔的约束场失效时,降维从接触点以光速蔓延。三维空间的数学结构被不可逆地剥离,物质如同跌落进一幅没有厚度的"画"中——恒星、行星乃至人类,均被强制二维化。这一过程并非物理挤压,而是维度的本质性消亡。

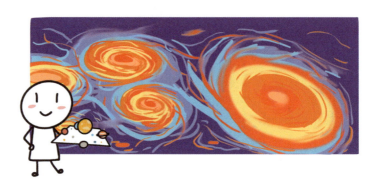

那么到底什么是"二向箔"呢?它为什么有这么大的威力呢?

原来,"二向箔"是高等文明掌握的一种宇宙杀伤级别的武器。

虽然在不使用时,只有一张银行卡大小,轻便到可以随身携带。

但千万不要小瞧它,因为当它与三维空间接触后,便会在三维空间蔓延开来无限膨胀,整个三维空间将会被降维至二维空间,也就是说整个太阳系甚至是银河系都可能被二维化!

如果你还是没听懂它的威力的话,我们可以简单地说,就是我们身边几乎所有物体都是具有长、宽、高的三维立体图形,就连一张A4纸片也大约有0.1毫米的厚度(高)呢!

但是,一旦受到了"二向箔"的打击之后,这些立体图形都会被压缩成一个平面,例如球体会变成圆形,长方体会变成长方形,三棱锥会变成三角形……

人类也会变成一张纸片似的平面,就像被踩扁的易拉罐一样,是不是相当的可怕!

那如果真的是这样,我们所有的生产生活活动都会进入停滞状态,人类可能也会因为无法适应在二维空间的新陈代谢而最终灭绝。

所以,在二向箔面前,核武器在维度武器面前如同原始工具。

二、立体图形

立体图形，也称为三维图形，是指需要长、宽、高研修维度描述的图形，其点集至少存在一部分不共面。

常见的立体图形包括立方体、球体、圆柱体、圆锥体等。

立体图形的特征是既可以计算表面积，又可以计算体积。从不同的角度观察时，其投影形状可能不同，但实际大小不变。

例如，圆柱体的结构特性使其侧面适合滚动，因此圆环柱体常被用于制造轮子。

在日常生活中，滚动的篮球、足球接近理想球体。长方体形状的集装箱以及正方体的魔方也是常见的立体图形。而圆锥体常用于建筑物的屋顶设计。

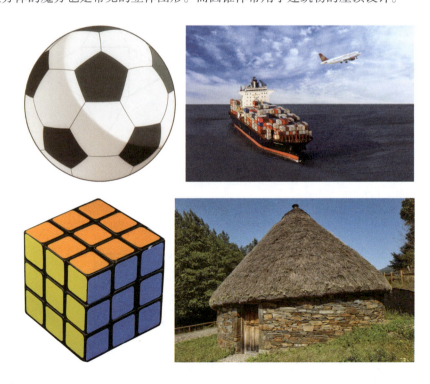

三、正多面体

正多面体是所有面均为全等正多边形，且所有棱长与顶角均相等的凸立体图形。你猜猜看，这样的正多面体有几种？

正四面体就是其中一种。

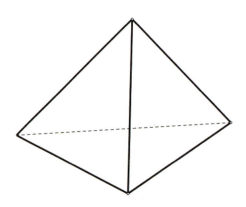

它的展开图是这样的，每个面都是相同的等边三角形。

正四面体不同于著名的埃及金字塔，它的底面是三角形，而金字塔的底面是正方形，金字塔的展开图是这样的，因此金字塔的形状叫四棱锥。

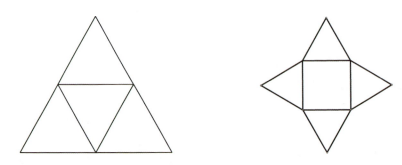

立方体也是一种正多面体，又叫正六面体，它的每个面都是相同的正方形。

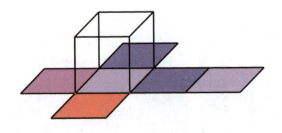

古希腊人发现只存在五种正多面体，即正四面体、正六面体、正八面体、正十二面体和正二十面体。

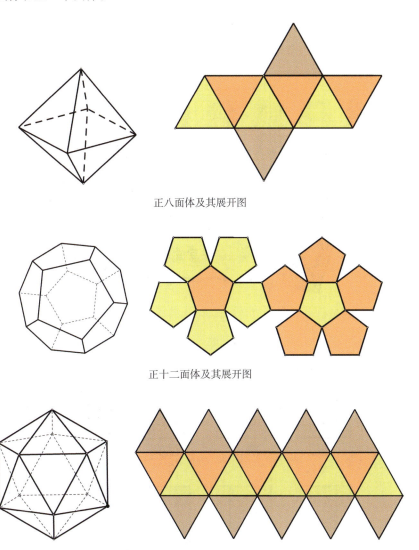

正八面体及其展开图

正十二面体及其展开图

正二十面体及其展开图

他们认为这些完美的图形就是构成宇宙的"积木"。因此古希腊人又把它们称为"柏拉图多面体"。

四、平面图形的分割和组合

平面图形是指所有点都在同一二维平面内的几何图形。只有长度和宽度两个维度，没有高度。

常见的平面图形包括正方形、三角形、圆形等。

平面图形的特征是可以计算面积,但没有体积。

在二维平面内,其形状和大小都不会发生变化。

在中国宋朝时期,出现了世界上最早的组合家具——七星桌,它是由七张不同大小的桌子组成的。

最为神奇的是,七星桌的组合形式多种多样,黄伯思在他的著作《燕几图》中详细列出了25类共76种不同的桌面拼合方式,展现了极高的设计智慧。

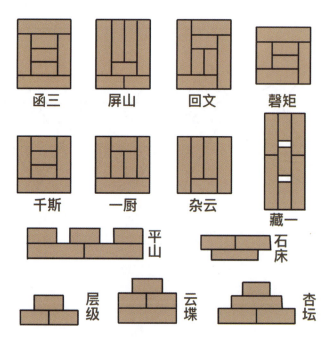

燕几图拼成的图形

燕几图虽然很神奇，可是因为全是长方形，图案组合方式还很有限。于是到了明代，又出现了蝶几图，蝶几图都是三角形和梯形。

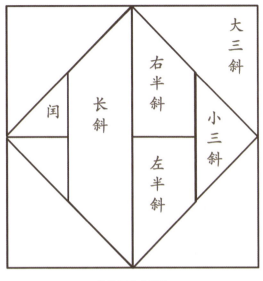

蝶几图基本形状

而到了清初，人们将燕几图和蝶几图融合在一起，最后发展为清代的七巧桌。

七巧桌的组合形式千变万化，多达上千种组合。三个人坐，可以拼成三角形，四个人坐可以拼成正方形，五个人坐可以拼成五边形。

现代我们常玩的七巧板游戏就来自七巧桌。用七块板片来拼搭各种图形，现在已成为经典益智游戏。

七巧桌

现代七巧板

七巧板可以拼成几千种形状，它可以拼成动物，可以拼成人的动作，还可以拼成各种各样的东西。

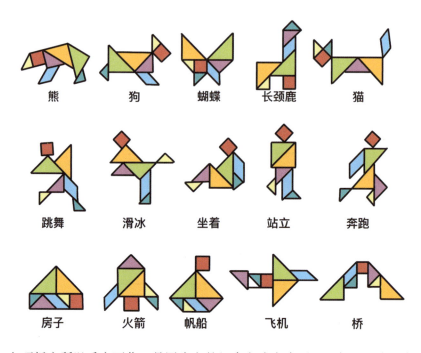

七巧板之所以千变万化，是因为它的组合方式太多了。比如，两个三角形可以组成一个大一些的三角形，也可以组成一个正方形，还可以组成一个平行四边形。

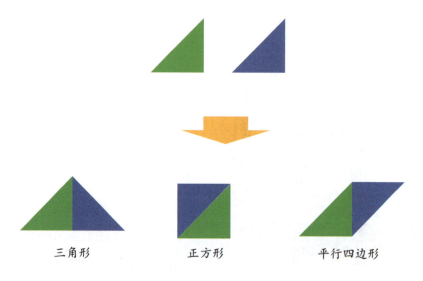

同样的，两个三角形和一个正方形，又能组合成五种不同的形状。

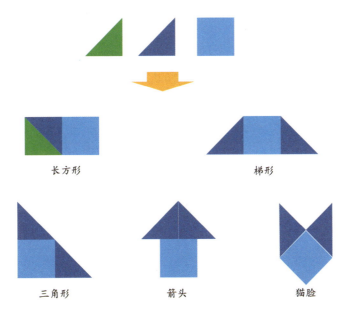

只需要三块板就能有这么多变化，如果用到七块板，那它们的变化更加无穷无尽，这就是七巧板的奇妙之处。

五、图形的变换

什么是平移呢？

平移是指图形上的所有点都按照某个直线方向做相同距离的移动。平移不改变图形的形状和大小，也不改变图形的方向。

例如下图，金鱼图向左平移了7格。

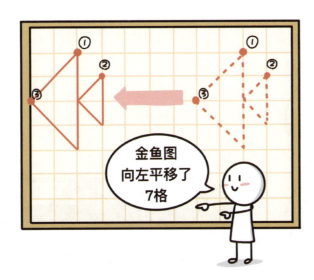

什么是旋转呢?

把一个图形绕一个定点沿某个方向转动一定的角度,这样的图形运动称为旋转。旋转会改变图形的方向,但不会改变图形的形状和大小。

一个图形在做旋转运动时,图形上的一个点与旋转中心的连线与这个点在旋转后与旋转中心的连线,这两条线的夹角就叫作旋转角。

六、在生活中的应用

🔆 **现实世界**

(1)三角形的稳定性

三角形非常简单,但是它有一个非常神奇的特性,那就是特别稳定。我们用三根木棍拼成一个三角形,然后竖起来,用力向下按,会发现它纹丝不动,非常稳固。

利用三角形的这个特点,人们在设计桥梁的时候,会用到三角形结构,这样桥梁会更加稳固。

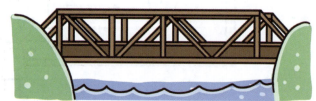

（2）平行四边形的不稳定性

相对于三角形，四边形就没那么稳定了。我们用木棍拼出一个四边形，竖起来，用力按一下，会发现它很容易变形。

利用这个特性，人们设计出了升降平台，工人可以站在上面升到高处，还可以折叠起来回到地面。还有伸缩门的设计灵感也来自四边形的特性。

试一试

试着数一数，这个平面图形中一共有几个三角形呢？

我们先把这个平面图形上所有线段的交点标上字母，然后来数一下△ABC和△ABD中的三角形的数量。

我们先来看△ABD。

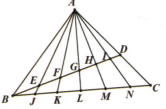

从 AB 边上引出的三角形有△ABE、△ABF、△ABG、△ABH、△ABI、△ABD，一共有 6 个三角形。

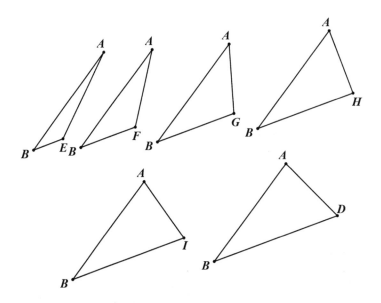

而从 AE 边上引出的三角形有△AEF、△AEG、△AEH、△AEI、△AED，一共有 5 个三角形。

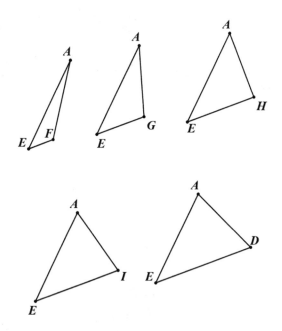

以此类推，从 AF、AG、AH、AI 边上又分别引出 4、3、2、1 个三角形。

所以在△ABD 中一共有 6 + 5 + 4 + 3 + 2 + 1 = 21 个三角形。

同样，在△ABC中也有21个三角形。

最后，别忘了，在△BCD中也构成了6个三角形，△BEJ、△BFK、△BGL、△BHM、△BIN、△BDC。

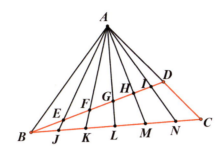

所以，该平面图形中一共有21 + 21 + 6 = 48个三角形。

你知道吗？

你知道什么是四维空间吗？

在数学中，n维空间就是指在这个空间中过一点，可以作出n条相互垂直的线。

例如，0维空间就是一个点，因此无法作出相互垂直的线。

一维空间是一条直线。若在二维平面中观察，过直线上任意一点可以作出一条垂线。

二维空间是一个平面。过平面上的任意一点可以作出两条相互垂直的直线。比如可以画出一个平面几何图形。

三维空间是一个立体空间。在三维空间中过任意一点可以作出三条相互垂直的直线，如x轴、y轴和z轴。

于是，在三维空间中我们可以画出一个立体的图形。

那么，四维空间顾名思义就应该是过这个空间中的任意点，可以作出四条相互垂直的直线。因为四维空间超出了我们的直观感知能力，所以难以理解。

但是有一个简单的方法可以帮助我们理解，那就是把高维度空间的物体作一个截面或投影的方式，将其进行降维。

17 周长和面积

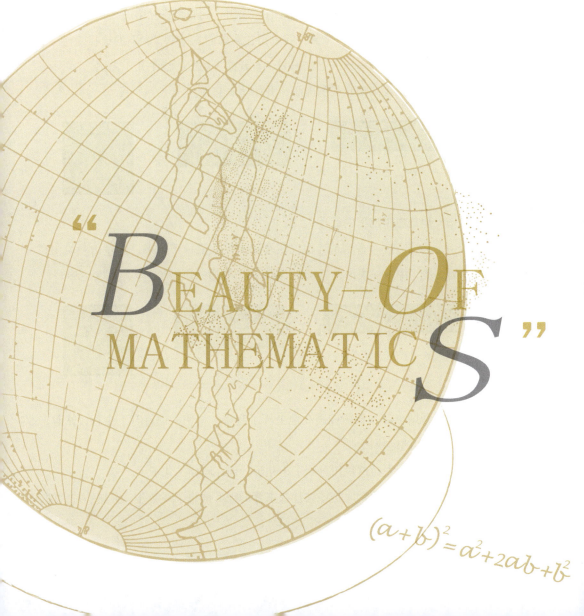

"BEAUTY-OF MATHEMATICS"

$(a+b)^2 = a^2 + 2ab + b^2$

一、老农分田

东汉末年,有一位七十多岁的老农,他每天日出而作,日落而息,把自家的三块田地打理得井井有条。虽然家里并不富裕,但是日子也过得红红火火。

老农有三个儿子。大儿子性格忠厚老实,谦虚礼让,二儿子精明能干,小儿子非常聪明,善于计算。

有一天,老农把三个儿子叫到跟前说:"我年纪大了,身体也不好,以后我也不能种田啦,我把家里的三块田分给你们,你们还年轻,一定要好好干!日子会越来越好的。"

说完,老农却有点犯难了,家里面有三块田,到底给三兄弟怎么分才好呢?
这时候,大儿子说话了:"爹,我觉得让弟弟们先挑吧,剩下的给我就行"。
大家都同意,他们一家人走到田间,看着这三块田,让小儿子先挑。
于是小儿子拿出一根长长的绳子,开始比画起来。

原来,他是想量出田的尺寸。

不一会儿,经过一番测量,他把三块田的尺寸都量了出来。最左边一块田长10步,宽2步。中间一块田,长8步,宽3步。右边一块田长5步,宽也是5步。

小儿子开始拿起一根树枝蹲在地上算了起来。很快,他就有了主意,站起来说:"我挑左边的这块田。"

于是,老农把左边这块田分给了小儿子。现在轮到二儿子了。

二儿子一看,弟弟到底是根据什么来算的呢?他想了一会儿,突然一拍大腿,说:"我知道了,我选中间这块田"。

于是,二儿子得到了中间那块田。

剩下来的那块田，就归了大儿子。

聪明的小朋友，你知道，老农的小儿子和二儿子是根据什么规则来挑选的吗？他们挑选的对吗？最后谁得到的田最好呢？

二、周长公式

小朋友，你一定猜到了，老农的小儿子和二儿子是根据"周长"来选择的。小儿子选择了周长最长的那块田，剩下来的两块田，二儿子也挑了周长较长的那一块。

我们来看看长方形的周长是怎么算的。

1. 长方形周长公式

如果一个长方形的长 = a，宽 = b，那么长方形的周长如下：

$$L = a + a + b + b = 2 \times (a + b)$$

2. 正方形周长公式

如果一个正方形的边长为a，那么正方形的周长如下：

$$L = a + a + a + a = 4 \times a$$

那么老农家的三块田，周长分别是多少呢？根据周长公式很容易就能算出来，分别是24、22、20。

所以，小儿子选择了左边那一块田，因为他觉得那块田的周长最长。

那么，你觉得小儿子的选择是对的吗？

答案是不对！

因为，一块田能种多少庄稼跟它的面积相关。

那么，周长最长的田一定是面积最大的吗？

我们来算一算这三块田的面积。

三、面积公式

面积指的是物体的表面或围成的平面图形的大小。

1. 长方形面积公式

如果一个长方形的长 = a，宽 = b，那么长方形的面积如下：

$$S = a \times b$$

2. 正方形面积公式

如果一个正方形的边长为a，那么正方形的面积如下：

$$S = a \times a = a^2$$

再回到老农家的三块田，它们的面积分别是多少呢？根据面积公式很容易就能算出来，分别是20、24、25。

所以，小儿子选择的那块地，虽然周长最长，但是面积最小，而大儿子这块地周长最小，反而面积最大。

是不是很奇妙。

四、面积公式的证明

我们来看一个长为3cm、宽为2cm的长方形。

我们把长方形分割成一个个小格子，每个格子是一个边长为1cm的正方形。

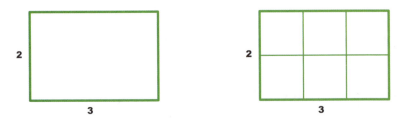

也就是说，两排三列格子，数一数，一共有6个格子，也就是 $2 \times 3 = 6$。每个格子的面积是1平方厘米，所以这个正方形的面积是6平方厘米。

推广到普遍情况，如果一个长方形的长为 a，宽为 b。

同样，把它分成一个个小格子，列数一共有 a 个，行数一共有 b 个。

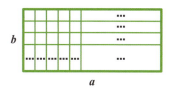

这样的长方形包含的格子数量就是：

$$a \times b$$

这就是长方形的面积公式。

同样，如果是正方形，长和宽一样，都为 a，那么正方形的面积公式如下：

$$S = a \times a = a^2$$

五、平行四边形面积

除了长方形和正方形，还有一种特殊的四边形——平行四边形。

$$平行四边形的面积 = 底 \times 高$$

$$S = a \times h$$

如何来证明呢？

我们来做一个变换，把右边阴影部分的直角三角形移动到左边。

这样就恰好形成了一个长方形，但是面积却没有变。

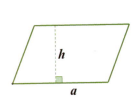
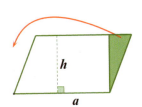
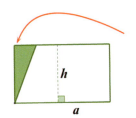

这个长方形的长为 a，高为 h，所以面积为 $a \times h$，那么平行四边形的面积如下：

$$S = a \times h$$

六、三角形的面积

三角形的面积公式如下：

$$三角形的面积 = 底 \times 高 \div 2$$

可以分三种情况来看。

1. 直角三角形

直角三角形，两个直角边的边长分别为 a、b，底是 a，高是 b。

在这个三角形旁边，再拼一个同样的直角三角形，斜边重合在一起，就会形成一个长方形。

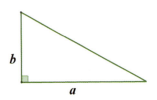
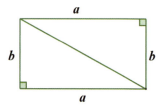

根据面积公式，这个长方形的面积为：

$$S = a \times b$$

这个长方形是由两个同样的直角三角形组成的，所以一个直角三角形的面积为：

$$S = a \times b \div 2$$

2. 锐角三角形

对于锐角三角形，底是 b，高为 h。

我们以 b 为长，h 为宽，在三角形的两侧各补上一个三角形，这样就形成了一个长方形。

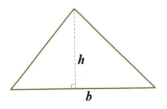

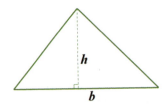

仔细看这个长方形，△AFC 和 △AEC 的面积是一样的，△AFB 和 △ADB 的面积是一样的。因此，△ABC 的面积其实就是长方形 BCED 面积的一半。

而长方形的面积是 $b \times h$。

所以，三角形的面积为：

$$S = b \times h \div 2$$

3. 钝角三角形

钝角三角形有一点很特殊，它的高落在了三角形的外面。

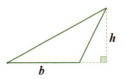

但是它的面积公式仍然是

$$S = b \times h \div 2$$

如何证明？

我们复制一个同样的三角形。

然后旋转一下，把两个三角形拼在一起，这样就形成了一个平行四边形。

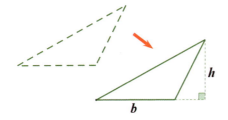 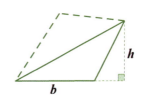

而平行四边形的面积为：

$$S = b \times h$$

因为钝角三角形的面积为平行四边形面积的一半，所以钝角三角形的面积为：

$$S = b \times h \div 2$$

七、梯形面积

梯形的面积公式为：

$$S = (上底 + 下底) \times 高 \div 2$$

也就是

$$S = (a + b) \times h \div 2$$

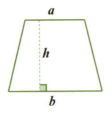

那么，怎么来证明呢？

同样的，我们来复制出一个一模一样的梯形。

然后旋转180度，把两个梯形拼在一起，这样就形成了一个平行四边形。

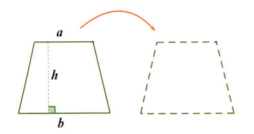 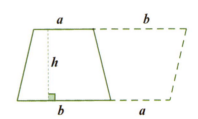

这个新的平行四边形的底的长度为 $a+b$，高为 h。

所以平行四边形的面积为：

$$S = (a+b) \times h$$

而这个平行四边形是由两个同样的梯形组成的，所以梯形的面积为：

$$S = (a+b) \times h \div 2$$

八、在生活中的应用

💡 现实世界

周长和面积的计算在现实生活中太重要了，小到农民伯伯日常劳作，大到建筑设计和土地规划，都会用到。

农民伯伯在种植庄稼的时候，需要根据田地的面积计算化肥、农药的用量。

在建筑设计中，面积的计算显得尤为重要，房地产开发商计算面积非常精确，因为房价昂贵，每一平方米都是一笔不小的费用。在装修过程中，铺设线路需要计算周长。安装地板需要计算面积，只有计算准确了，才能控制好成本。

在土地规划中，道路、住宅、公园的设计都需要用到周长和面积，漂亮的规划图背后都是周长和面积。

试一试

观察下图，每个格子的宽度和高度都是1cm，算一算这4个不规则图形的周长是多少？能总结出什么样的规律呢？

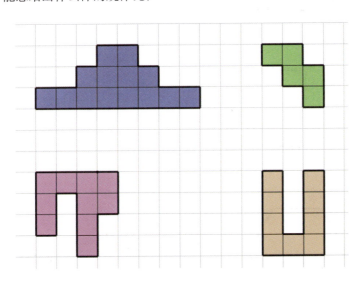

给你一段40cm长的绳子，把它围成一个长方形，什么情况下可以使得面积最

大，思考一下！

长方形的长 + 宽 = 20cm。

如何才能使面积最大呢？

答案是长和宽相等的时候。

因为两数之和固定，两数越接近，则两数乘积越大，这个数学规律一定要记住，非常有用。

你知道吗？

刚刚，我们知道了，在周长相同的所有多边形中，正多边形的面积最大。

知道这个还不够，数学家们接着又进一步证明，在周长相同的正多边形中，边数越多，面积越大。

当正多边形的边数无限变多，趋近于无穷大时，其形状会无限接近圆形。因此，当周长一定时，圆的面积是所有图形中最大的。数学家们把这个定理称为"等周定理"。

例如，当周长为1时，正三角形的面积为：

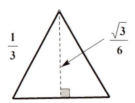

$$S = \frac{1}{2} \times \frac{1}{3} \times \frac{\sqrt{3}}{6} = 0.04811$$

正四边形的面积为：

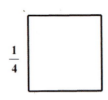

$$S = \frac{1}{4} \times \frac{1}{4} = 0.0625$$

正六边形的面积为：

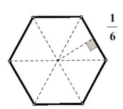

$$S = \frac{1}{2} \times \frac{1}{6} \times \frac{\sqrt{3}}{12} \times 6 = 0.0722$$

圆的面积为：

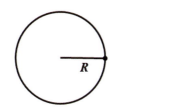

$$S=\pi R^2=\pi\left(\frac{1}{2\pi}\right)^2=0.07958$$

"等周定理"在公元前8世纪就被运用在实际生活中，但直到19世纪，数学家才通过"变分法"对其进行了严格的证明。小朋友如果对这个问题感兴趣，还需要在数学世界中继续探索哦！

18 体积

一、九章算术的错误

中国古代有一本数学奇书，叫作《九章算术》，书里记载了中国古人对数学的研究成果。书中有平面几何、立体几何，还有代数方程、盈亏问题等。

书中对几何的探索特别有意思！

话说中国古人对圆很好奇，他们想知道圆的面积是多少。

于是书里想了一个很天才的方法，它把一个圆放入一个正方形中，这个圆正好完全内嵌于这个正方形中。

古人有一个计算圆面积的公式，叫作"半周半径相乘得积步"，这里的"半周"指圆周长的一半，"半径"指圆的半径，而"积步"就是指圆的面积。

那么半周又是多少呢？

古代有一个成语，叫作"径一周三"，这个成语形容两个事物相差很远。但它本来的意思是讲圆周长的，意思是如果圆的直径是1的话，那么周长就是3，其实这个3就是中国古人对于圆周率π的一个估算。也就是说圆的直径和周长的比例是$1:\pi$，圆的周长就是$2\pi r$。

如此一来再配合之前说的"半周半径相乘得积步"的公式，就可以得到圆面积等于πr^2。

因为正方形的面积等于边长×边长，此处正方形的边长等于$2r$，所以，S正方形的面积等于$4r^2$。

那么圆面积和正方形面积的比例，就是$\pi:4$。

古人又在想了，既然知道圆面积了，那么怎么知道球的体积呢？

于是他们又想出了一个方法，他们把一个圆球放入一个圆柱体中，这个圆球正好内嵌在这个圆柱体内。

古人认为，球的体积和圆柱体的体积比例跟面积比一样，也是$\pi:4$。如此一来，只要计算出圆柱

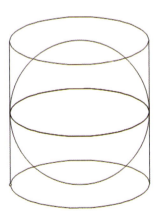

体的体积，就能算出球的体积。

这个想法流传了几百年，你觉得这个想法对吗？

二、刘徽的挑战

魏晋时期有一位名叫刘徽的数学家。刘徽这个人特别喜欢数学，也很喜欢研究《九章算术》，他发现《九章算术》里很多地方都只是给了结论，缺少证明过程。于是他就写了一本书，叫作《九章算术注》，在这本书里他对《九章算术》里的内容做了批注和证明，同时还对内容不正确的地方做了修改。

当刘徽读到球体积的计算时，他愣住了，感觉这个结论有点草率，总觉得哪里有些不对劲。

刘徽就在琢磨，如果球体积和圆柱体体积的比例是π:4的话，那么我们随意做任何切片，它们的比例应该都是π:4。

于是，他选了两个切片，像下面这样。

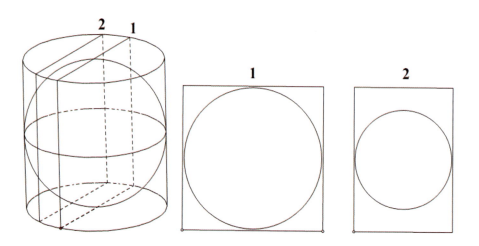

在1号切片中，圆正好完全内嵌在正方形中，那么圆面积和正方形面积的比例是π:4。

在2号切片中，圆并没有完全内嵌在对应的长方形中，那么圆面积和长方形面积的比例肯定小于π:4。

这就证明了，球体积和圆柱体体积的比例是π:4，这个结论是不对的。

那么球体积到底是多少呢？

刘徽想来想去，终于想出了一个天才的几何结构，他给这个结构起了个名字，叫作"牟合方盖"。

"牟"的意思是相同,"盖"的意思是伞。"牟合方盖"就是指两个相同的圆柱体交叉在一起,它们中间共同部分形成的几何体,就像一把伞一样,这个就是"牟合方盖"。

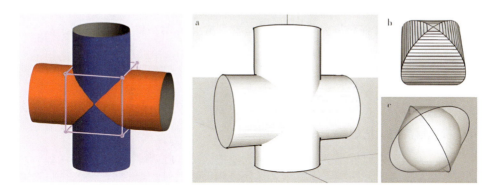

这个牟合方盖正好能把一个圆球完美地内嵌在里面。

无论取什么角度做切片,得到的都是一个正方形完美内嵌一个圆形,这样的比例都是π:4。

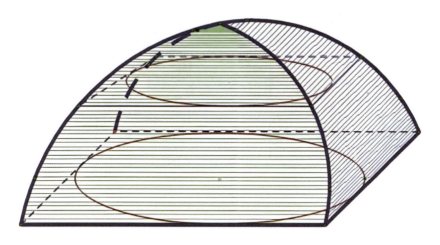

因此,刘徽得出结论,这个球体积和牟合方盖体积的比例就是π:4,一旦求出牟合方盖的体积,那么球体积就知道了。

可是至于牟合方盖的体积怎么算呢?刘徽扔下了一句"敢不阙言,以俟能言者。"

意思是我搞不定了,你们谁有能耐谁来吧!

结果球的体积,又成了一桩悬案!

三、祖冲之父子的登场

1. 祖暅原理

到了魏晋南北朝时期，南朝出了两位著名的数学家，他们是祖冲之和祖暅之父子。

祖冲之对几何有着非常深入的研究，他是全世界第一位把 π 精确到小数点后第 7 位的科学家，我们经常背诵的 π 等于 3.1415926，这串数字就是祖冲之第一个提出来的。

祖冲之很厉害，他的儿子祖暅之也相当厉害。因为祖暅之将要挑战一个几百年都没能解决的世纪难题——球的体积。

有一天祖暅之盯着桌上的铜钱发呆，他把钱币堆成两堆，两边数量一样。左边堆一个垂直的圆柱体，右边堆一个歪歪扭扭、倾斜的柱体。

这两个柱体的钱币数量一样，那么体积显然是一样的。这样看来只要底面积相等，高度相等，那么两个柱体的体积肯定也会相等。

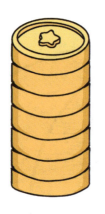 

于是，祖暅之得出了一个结论，那就是"幂势既同，则积不容异"，这又被称为祖暅原理。

什么意思呢？"幂"指的是截面积，"势"指的几何体的高，"积"指的是体积。也就是说，如果两个柱体底部面积相同的话，那么在相同高度下，这两个柱体的体积应该是相同的。两个一样高度的几何体，如果在相同高度处截面的面积相等，那么它们的体积相等。

那祖暅之这句话对不对呢？我们可以做一个实验，找三个柱体，每个柱体底部的形状都不相同，一个是五边形，一个是圆形，还有一个是正方形。虽然形状不同，但是它们的底面积都是一样的，柱体的高度也是一样的。

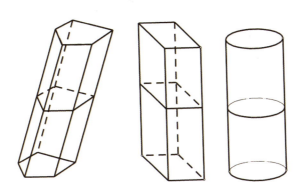

接下来，我们可以选择任意部位，从水平方向来切一刀。每次切完后，我们都能发现，这三个柱体的横切面的图形，它们都是五边形、圆形和正方形，而它们的面积都是相等的。

这就说明，只要底面积相同、高度相同，那么柱体的体积都是相同的。

于是我们就得到了柱体的体积公式。

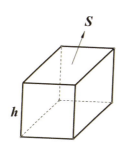

$$V_{柱}=Sh$$

祖暅之说得对！

2. 聪明的祖暅之

祖暅之继续琢磨，既然知道了柱体的体积，那么锥体的体积又该怎么算呢？

他想到的方法是"割补法"，他找了一个三棱柱。

先切了一刀，切出了一个绿色的三棱锥。

然后又切一刀，切出了红色的三棱锥。

这时候剩余的那个紫色部分也是一个三棱锥。

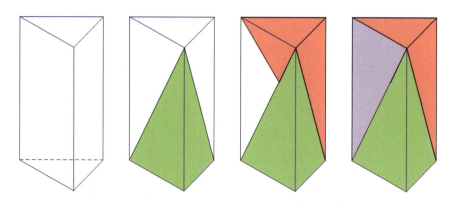

因此，这两刀切下去，原来的三棱柱就变成了三个三棱锥。

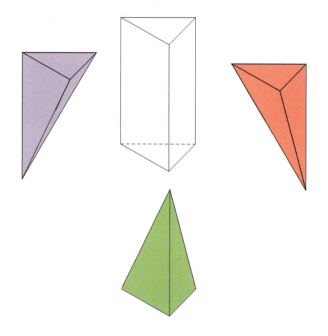

对于绿色和紫色两个三棱锥，因为下面两个面的大小是完全相同的，锥体的高度也一样，因此绿色和紫色两个三棱锥的体积是相同的。

对于绿色和红色两个三棱锥，因为它们也有两个面是完全相同的，锥体高度也一样，因此绿色和红色两个三棱锥的体积也相同。

这样一来，三棱柱其实就是分成了三个体积相同的三棱锥。

那么每个三棱锥的体积就是三棱柱的三分之一。

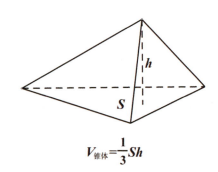

$$V_{锥体} = \frac{1}{3}Sh$$

3. 祖暅之封神啦！

有了之前的那些积累，祖暅之就有攻克球体积的底气了。他的方法有点复杂，用一种类似的方法来描述，这样看起来更加直观且易于理解。

我们做了半个球体，半径是 R。

然后我们又做了一个圆柱体，圆柱体的底面半径和高都是 R，接着在圆柱体里挖掉一个圆锥。

然后任意选择一个点，做一个水平的横切面，这个切面的高是 h，那么这个切面圆的半径就知道了。而这个横切面的圆面积就是 $S = \pi r^2 = \pi(R^2 - h^2)$。

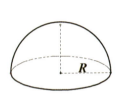 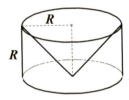 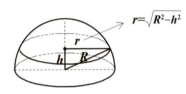

接着在那个圆柱体里，也在高度 h 的地方做一个横切面，因为锥体被挖掉的缘故，这样就形成了一个圆环。

圆环内部小圆的半径和高相等，也就是 h，那么圆环的面积就是 $S = \pi R^2 - \pi h^2 = \pi(R^2 - h^2)$。

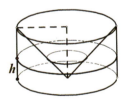 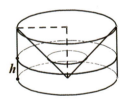

如此一来，我们任意做一个横切面，它们的面积都是一样的。

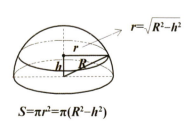 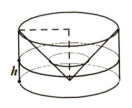

$S = \pi r^2 = \pi(R^2 - h^2)$ $\qquad S = \pi R^2 - \pi h^2 = \pi(R^2 - h^2)$

根据祖暅原理，我们就能知道左右两个图形的体积是一样的。想计算球体的体积，只要计算右边那个圆柱体挖掉圆锥的体积就行。

如此一来，我们就得到了球的体积。大功告成，祖暅之搞定了世纪难题，封神！

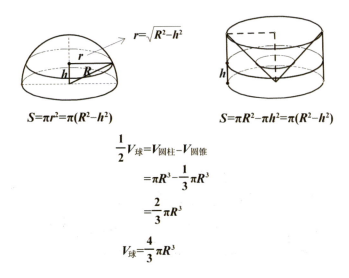

四、在生活中的运用

🔍 现实世界

中国古人探索数学的过程告诉我们，在学习中要学会质疑，为什么书里给出这样的结论，这个结论对吗，是怎么推导出来的……就像刘徽一样，因为带着问题去思考，才发现了《九章算术》的错误。

它还告诉我们，任何一个科学发现都不是那么容易得到的，都经历了一代又一代人辛勤的探索，就像计算球体积一样，从《九章算术》到刘徽再到祖冲之父子，因为这些古代科学家们不懈的努力，才有了我们现在灿烂的文明。

希望这样的故事能帮你理解数学里的体积公式，也能让你感受到中国古人的智慧和坚持。

📷 你知道吗？

第一个把圆周率π计算到3.14的人是古希腊的阿基米德。

阿基米德计算圆周率的方法是"逼近法"，简单地说就是用圆的内接正多边形和外切正多边形的周长来近似等于圆的周长。而随着正多边形的边数越来越多，它的周长就越来越接近圆的周长。

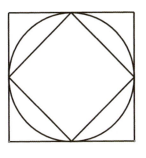
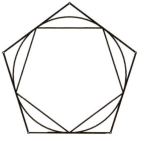

阿基米德最终计算到正96边形，并且得出圆周率π约等于3.14的结果。

而刚刚我们提到的中国古代著名数学家刘徽，一直坚持不懈地计算到了圆的内接正3072边形，得到了圆周率的值大概是3.1416，成功将圆周率推演到小数点后第4位！

中国数学家祖冲之，使用"缀术"将圆周率的值计算至小数点后第7位。

$$3.1415926 < \pi < 3.1415927$$

但是遗憾的是缀术到底是什么已经失传了。

试一试

如今，随着计算机的发展，它强大的计算能力已经使我们将π值计算到小数点后62.8万亿位！

那将圆周率计算到这么精确的数字到底有没有意义呢？

研究表明，其实只需要计算到第39位就足以计算出一个相当于目前可见宇宙大小的圆形的周长，而且误差不超过一个氢原子的半径！

那么数学家们为什么还这么执着于计算圆周率π呢？

其实，圆周率的计算还有很多实际的用途，一方面，如研发出更精密的高精尖科技产品，检测超级计算机的性能等，而另一方面，有的科学家也认为圆周率可能蕴藏着宇宙的秘密，可以揭秘宇宙万物的起源。

你能记住圆周率小数点后多少位数字呢？

19 盈亏问题

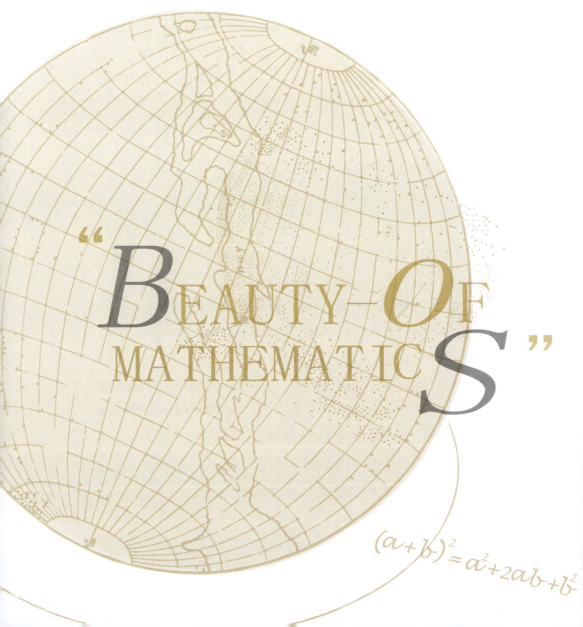

"BEAUTY-OF MATHEMATICS"

$(a+b)^2 = a^2+2ab+b^2$

一、盈不足问题

唐朝时,有一位尚书叫作杨损,他不仅清正廉洁,而且知识渊博、精通算术。他在提拔官员的时候,以公正著称。

有一次,需要提拔一位"干部",但是有两位候选人,他们的工作能力、业务水平都差不多。负责此事的官员也很伤脑筋,不知道该提拔谁好,便去请教杨损。

杨损听后,考虑了半晌,想出来一个好主意,说:"他们两位都在国子监学过九章算术,我出道题考考他们,看谁算得准、算得快。"

不久两人来找杨损。杨损说:"有一个人,在黄昏的时候,去一片树林里散步。突然听见有喧闹声,他循声过去一看,原来是一群盗贼在七嘴八舌地吵闹,地上放着很多布匹。原来他们在分赃。只听见他们说,如果每人分6匹,会余下5匹布;如果每人分7匹,却又差了8匹布。问一共有几个盗贼,有多少匹布?"

杨损接着说:"你们谁先算出来,就提拔谁。"

两位候选人听完题,马上就开始算起来。结果,那位算得又快又准的候选人被提拔了。同僚们知道后,都说杨损的主意好。

那这位候选人是如何计算的呢?其实,他用的方法在古代叫作"盈不足",现代被称为"盈亏问题","盈"指的是多出来的,在这个题目中就是多出来的"5"匹布,而"不足"指的是差多少(亏),这里指的是差了"8"匹布。

这个方法来自中国古代最重要的数学书《九章算术》。

对于杨损出的这道题,它的解答过程是这样的,首先是两个已知条件,两次分配的所出率(每人分得的匹数)为6和7,两次分配的盈和不足是5和8。然后通过并盈不足、所出率相减、实如法等几个步骤和公式计算,最后得到人数和布匹的数量,这就是中国古代的盈亏问题的解法,真的很神奇。

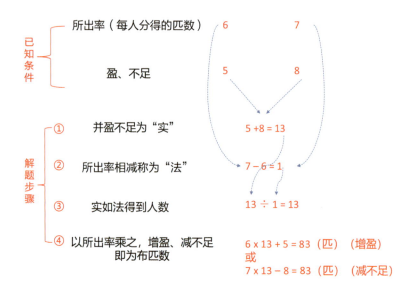

二、公式

那位唐朝官员通过"盈不足"算法得到了提拔机会，而《九章算术》中对于盈亏问题有一整套解法，体现了中国古人数学智慧的博大精深。

盈亏问题其实就是把一定数量的物品平均分给一定数量的人，物品数量和人数都未知，已知在两次分配中一次是盈（有余），一次是亏（不足），或两次都盈余，或两次都亏缺，求参与分配的物品总量及人员总数。

其实唐朝杨损给两个候选人出的题目，只是盈亏问题的一类。盈亏问题一共有五类。

（1）一盈一亏

公式：

$$人数 =（盈 + 亏）÷（两次每人分配数的差）$$

（2）两次都盈

公式：

$$人数 =（大盈 - 小盈）÷（两次每人分配数的差）$$

（3）两次都亏

公式：

$$人数 =（大亏 - 小亏）÷（两次每人分配数的差）$$

（4）一盈一平

公式：

$$人数 = 盈数 ÷ （两次每人分配数的差）$$

（5）一亏一平

公式：

$$人数 = 亏数 ÷ （两次每人分配数的差）$$

三、公式的证明

盈亏问题的公式是怎么来的呢？其实可以用画图的方法来推导。

我们用长方形的面积来表示物品数量，长方形的一条边长表示人数，另外一条边长表示每人分到的物品数量。

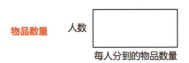

因此，物品数量（长方形的面积）= 人数 × 每人分到的物品数量。

盈亏问题的五种情况都可以用面积图来推导证明。

1. 一盈一亏

假设第1次分配是"盈"，也就是物品数量多出来了，第2次分配是"亏"，也就是物品数量不够分。

可以看出来，第1次分配时，长方形的面积要小于表示物品数量的长方形面积，而第2次分配时，长方形的面积要大于表示物品数量的长方形面积。它们之间的

差可以这样来表示：

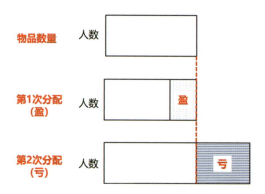

点状填充部分是"盈"，条纹填充部分是"亏"，假设第1次每人分配到的数量为 A，第2次每人分配到的数量为 B，我们把它们标注到图上。

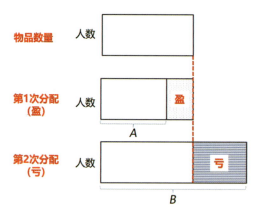

接下来对图形做一个变换，"盈 + 亏"组成一个新的长方形，它的一条边长是人数，想一下，它的另一条边长是多少？

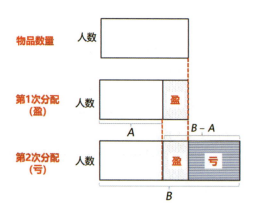

答案是

$$B - A$$

所以说

$$(B - A) \times 人数 = 盈 + 亏$$

所以

$$人数 = (盈 + 亏) \div (B - A)$$

也就是我们最初给出的公式：

$$人数 = (盈 + 亏) \div (两次每人分配数的差)$$

2. 两次都盈

如果第1次和第2次分配都是"盈"，也就是物品数量多出来了，假设第1次是小盈，第2次是大盈。

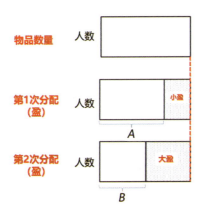

同样的，做一个变换：

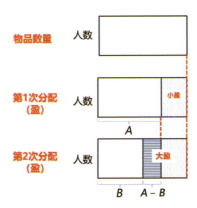

图中条纹部分的面积，就是

$$大盈 - 小盈$$

而这个面积可通过下式求得

$$(A-B) \times 人数$$

因此

$$(A-B) \times 人数 = 大盈 - 小盈$$

所以

$$人数 = (大盈 - 小盈) \div (A-B)$$

也就是我们最初给出的公式：

$$人数 = (大盈 - 小盈) \div (两次每人分配数的差)$$

3. 两次都亏

如果第1次和第2次分配都是"亏"，也就是物品数量不够了，假设第1次是小亏，第2次是大亏。

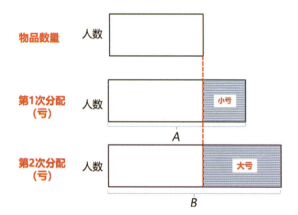

同样的，做一个变换：

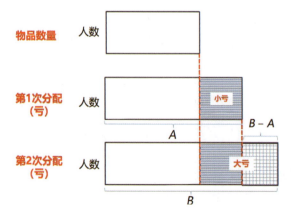

图中格子部分的面积，就是

$$大亏 - 小亏$$

而这个面积可通过下式求得

$$(B-A) \times 人数$$

因此

$$(B-A) \times 人数 = 大亏 - 小亏$$

所以

$$人数 = (大亏 - 小亏) \div (B-A)$$

也就是我们最初给出的公式：

$$人数 = (大亏 - 小亏) \div (两次每人分配数的差)$$

4. 一盈一平

假设第1次分配是"盈"，也就是物品数量多出来了，第2次分配是"平"，也就是不多不少刚好够分。

点状填充部分也就是"盈数"的部分的面积就是

$$(B-A) \times 人数 = 盈数$$

所以

$$人数 = 盈数 \div (B-A)$$

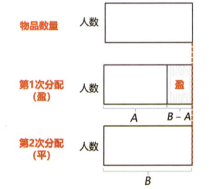

也就是我们最初给出的公式：

人数 = 盈数 ÷ (两次每人分配数的差)

5. 一亏一平

假设第1次分配是"亏"，也就是物品数量不够了，第2次分配是"平"，也就是不多不少刚好够分。

条纹填充部分也就是"亏数"的部分的面积就是

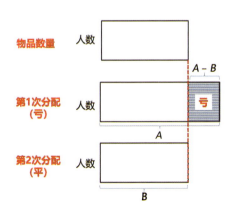

$$(A - B) \times 人数 = 亏数$$

所以

$$人数 = 亏数 \div (A - B)$$

也就是我们最初给出的公式：

$$人数 = 亏数 \div (两次每人分配数的差)$$

四、在生活中的应用

🔆 现实世界

在现实世界中，盈亏问题可能以不同的形式出现。尤其是在涉及分配、定价和资源优化等方面的问题时。

比如下面这样的问题。

一个班级的同学去公园划船，班长在计算需要租用多少条船，如果增加1条船，正好每条船坐5个人；如果减少1条船，正好每条船坐7个人。问这个班共有多少名同学？

📖 试一试

这个问题没有办法直接套用前面所说的公式。应该怎么办呢？请你试一试解决这个问题吧！

其实这个问题可以这样来理解。

如果增加1条船，正好每条船坐5个人。意思是如果每条船坐5个人，就多了5个人。

如果减少1条船，正好每条船坐7个人。意思是如果每条船坐7个人，还差7个人。

这就变成了一个典型的盈亏问题，而且是一盈一亏。

根据"一盈一亏"的公式：

$$人数 = (盈 + 亏) \div (两次每人分配数的差)$$

公式里的"人数"在这道题中其实就是船的数量：

$$(5 + 7) \div (7 - 5) = 6（条）$$

那么，人数为：

$$6 \times 5 + 5 = 35（人）$$

所以，公式虽然重要，但是需要理解它的精髓，才能灵活运用。

你知道吗？

在《九章算术》里，除了"盈不足"外，还提供了另外八类问题的解法，像比例分配、方程、勾股定理等。

"盈不足"大约在9世纪被传到了阿拉伯，后来意大利数学家把它引入欧洲，并广为传播。13世纪著名数学家斐波那契在《算盘书》中称这种算法为"契丹算法"，明确其源自中国。在欧洲代数还没有发展到符号阶段的时候，中国的盈不足算法长期盛行于欧洲大陆，成为重要的数学工具。

20 鸡兔同笼

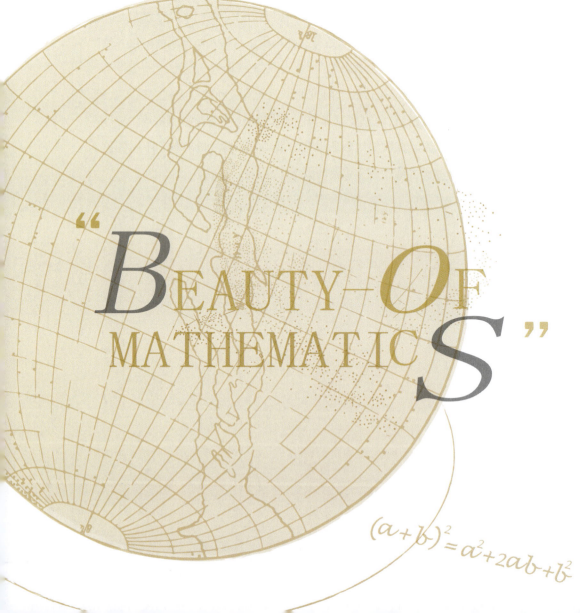

"Beauty-of Mathematics"

一、《孙子算经》的故事

在中国南北朝时期,出现了一部重要数学著作《孙子算经》。需要注意的是,这里的"孙子"和《孙子兵法》的作者孙武并非同一人。在《孙子算经》中,有一道题对后世影响非常深远,这就是如今小学生熟悉的"鸡兔同笼"问题。

书中是这样描述的:

今有雉兔同笼,上有三十五头,下有九十四足,问雉兔各几何?

其意思是:把一定数量的鸡和兔子关在同一个笼子里,从上面数一共有35个头,从下面数一共有94只脚,问鸡和兔分别有多少?

更有意思的是,在《孙子算经》中也给出了解答方法,我们可以看看古人是怎么做数学题的。

术曰:上置三十五头,下置九十四足。半其足,得四十七,以少减多,再命之,上三除下四,上五除下七,下有一除上三,下有二除上五,即得。

第一句,上置三十五头,下置九十四足,很好理解。

第二句,半其足,得四十七,取脚的数量的一半,也就是94的一半等于47。

第三句,以少减多,再命之,上三除下四,上五除下七,下有一除上三,下有二除上五。

这一句理解起来就很有意思,它其实就是中国古代计算用到的一种工具算筹,算筹是一根根小木棍,每种形状表示一个数字。

那么这道鸡兔同笼问题,用前面介绍过的算筹可以表示成这样。

| 头: | 35 | 头: | 35 | 头: | 35 | ||| |||| |
| 足: | 94 | 足: | 94 ⇨ 47 | 足: | 94 ⇨ 47 | |||| 𝐓 |

上三除下四,上五除下七,意思是从下面的十位中除去上面的三,剩下一,从下面的个位中除去上面的五,剩下二。其实就是 47 − 35 = 12。

十二其实就是兔子的数量。

接下来,下有一除上三,下有二除上五。再做一次减法,上面的三除去下面的一,上面的五除去下面的二,得到二十三。

二十三就是鸡的数量。所以，答案是雉二十三，兔一十二。

二、公式

怎么样，你看懂古人是怎么用算筹来计算的吗？

《孙子算经》总结了鸡兔同笼问题的算法。

又术曰：上置头，下置足，半其足，以头除足，以足除头，即得。

这里的"半其足"，就是脚的数量减掉一半，也叫作"砍足法"，实际上，这就是鸡兔同笼问题的解法公式之一。

（1）砍足法

$$兔的只数 = 总脚数 \div 2 - 总头数$$

$$鸡的只数 = 总只数 - 兔的只数$$

此外，鸡兔同笼有两个通用的公式。

（2）假设法

$$鸡的只数 =（兔的脚数 \times 总只数 - 总脚数）\div（兔的脚数 - 鸡的脚数）$$

$$兔的只数 = 总只数 - 鸡的只数$$

（3）抬脚法

$$兔的只数 =（总脚数 - 鸡的脚数 \times 总只数）\div（兔的脚数 - 鸡的脚数）$$

$$鸡的只数 = 总只数 - 兔的只数$$

三、公式的证明

鸡兔同笼的公式是怎么来的呢？

1. 砍足法

《孙子算经》中鸡兔同笼的公式是这样的：

$$兔的只数 = 总脚数 \div 2 - 总头数$$

$$鸡的只数 = 总只数 - 兔的只数$$

如何推导出来呢？

方法一

可以这样来理解，总脚数 $\div 2$，意味着鸡变成了 1 只脚，兔子变成了 2 只脚。

那么，鸡就是1个头1只脚，而兔子是1个头2只脚。

想一想，为什么此时脚的总数还是比头多呢？

因为，此时兔子是1个头对应2只脚。所以，脚比头多出来的数量就是兔子的数量。所以：

$$兔的只数 = 总脚数 \div 2 - 总头数$$

那么：

$$鸡的只数 = 总只数 - 兔的只数$$

方法二

用画图的方法同样可以推导这个公式。用长方形的面积来表示脚的数量，一条边长是1只鸡或兔子的脚数，另一条边长是鸡或兔子的数量。

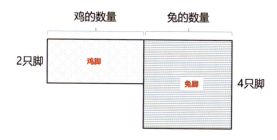

把每只鸡和兔子的脚数都减半，得到下面的图形。

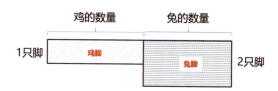

两个长方形的面积和是：

$$总脚数 \div 2$$

我们来把图形变换一下，把两个长方形重新组合一下。

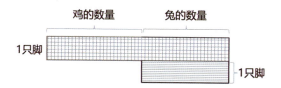

这样格子填充部分的面积就是：

$$总头数$$

而剩下的条纹填充部分的面积就是

$$总脚数 \div 2 - 总头数$$

而这个条纹填充部分的一条边长是兔子的数量，另一条边长是1，所以兔子的数量为：

$$兔的只数 = (总脚数 \div 2 - 总头数) \div 1 = 总脚数 \div 2 - 总头数$$

接着再算出鸡的数量：

$$鸡的只数 = 总只数 - 兔的只数$$

2. 假设法

同样用画图的方法来推导假设法公式：

$$鸡的只数 = (兔的脚数 \times 总只数 - 总脚数) \div (兔的脚数 - 鸡的脚数)$$

$$兔的只数 = 总只数 - 鸡的只数$$

还是用这个图形来表示，即长方形的面积表示脚的数量。

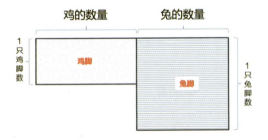

观察一下，图形的左下角缺了一块，不然就可以组合成一个完整的长方形。我们把这个缺的部分补上，这个过程就相当于假设鸡也变成了兔子，笼子里全部都是兔子，所以这个方法叫"假设法"。

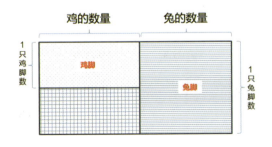

新的大长方形的面积为：

兔的脚数 × 总只数

想一想，新补上去的格子填充的长方形，它的边长是多少？一条边长当然是鸡的数量，另一条边长呢？没错，就是：

兔的脚数 − 鸡的脚数

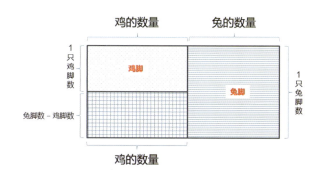

所以它的面积是：

（兔的脚数 − 鸡的脚数）× 鸡的只数

同时，它的面积又是：

兔的脚数 × 总只数 − 总脚数

因此

（兔的脚数 − 鸡的脚数）× 鸡的只数 = 兔的脚数 × 总只数 − 总脚数

所以得出：

鸡的只数 =（兔的脚数 × 总只数 − 总脚数）÷（兔的脚数 − 鸡的脚数）

那么：

兔的只数 = 总只数 − 鸡的只数

假设法的核心是假设笼子里全部都是兔子，也就是鸡又长出来 2 只脚。此时再重新计算脚的数量，就会多出来一些脚，而多出来的脚其实就是鸡新长出来的。每只鸡新长出 2 只脚，所以通过除法，就能得出鸡的数量啦！

3. 抬脚法

画图法同样适用于公式三：

兔的只数 =（总脚数 − 鸡的脚数 × 总只数）÷（兔的脚数 − 鸡的脚数）

鸡的只数 = 总只数 − 兔的只数

回到最初的图形：

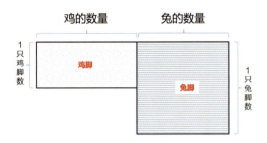

观察一下，图形的右下角多了一块，如果割掉这一部分（下图红色格子填充），就会变成一个规则的长方形，这就相当于让兔子抬起2只脚，也变成了和鸡一样，剩下2只脚，所以这个方法叫"抬脚法"。

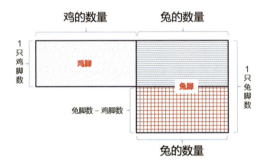

红色格子填充部分的面积是：

（兔的脚数 – 鸡的脚数）× 兔的只数

同时，再做一个变换：

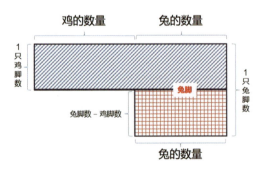

因为，斜条纹填充部分的面积为：

鸡的脚数 × 总只数

所以，红色格子填充部分的面积是：

总脚数 − 鸡的脚数 × 总只数

所以，

（兔的脚数 − 鸡的脚数）× 兔的只数 = 总脚数 − 鸡的脚数 × 总只数

因此，

兔的只数 =（总脚数 − 鸡的脚数 × 总只数）÷（兔的脚数 − 鸡的脚数）

那么，

鸡的只数 = 总只数 − 兔的只数

抬脚法可以这样来理解，每只兔子抬起了2只脚，还剩下2只脚。那么就可以认为笼子里全是鸡。此时再重新计算脚的数量，就会少一些脚，而少掉的脚数量其实就是因为兔子抬脚了，每只兔子抬起2只脚，所以运用除法，就能得出兔子的数量了。

四、在生活中的应用

现实世界

在现实生活中，真的会有人把鸡和兔子关在一个笼子里吗？

应该没有人会这么做，因为鸡和兔的生活习性不同，鸡喜欢在白天吃食，兔子喜欢在白天休息。而兔子本身的胆子较小，鸡在下蛋时，会发出声音，会影响到兔子，所以它们在一起会打扰到各自的休息及睡眠时间。

但是"鸡兔同笼"就真的没有现实应用价值了吗？

实际上，生活中有许多类似鸡兔同笼的问题，看下面这道题。

有72名同学去划船，租了10条船，每条船都坐满了人，大船能坐8人，小船能坐6人。问大船和小船分别有多少条？

其实这是鸡兔同笼问题的一种变形,可以把大船看成兔子,8人相当于兔子有8只脚,小船看成鸡,6人相当于鸡有6只脚,问鸡和兔各有多少只?

根据假设法的公式

鸡的只数 =(兔的脚数 × 总只数 − 总脚数)÷(兔的脚数 − 鸡的脚数)

兔的只数 = 总只数 − 鸡的只数

就能算出

小船数量 = (8 × 10 − 72) ÷ (8 − 6) = 4（条）

大船数量 = 10 − 4 = 6（条）

试一试

你知道《孙子算经》中的砍足法,为什么是砍去一半?

其实作者的目的是让每只鸡的头数和脚数相等,这样就能根据脚数和头数之差,来算出兔子有多少只。

实际上,在《孙子算经》中,还有一道类似的题目,但是却难了很多。

今有兽,六首四足;禽,四首二足,上有七十六首,下有四十六足。问:禽、兽各几何?

这道题的难点在于,兽首和禽首的数量都不止一个,用假设法或抬脚法都很难解出来。但是仍然可以用砍足法类似的原理,来解答这道题。

根据砍足法的原理,你来想一想,如何让其中一种动物（兽或禽）的首和足变成一样多?如果你解出来了,一定会感叹古人的数学智慧有多伟大。

你知道吗?

如果你学过了方程,其实鸡兔同笼问题可以很轻松地转化为方程来解决。

设鸡为 x,兔为 y。因为鸡和兔的头一共有35个,鸡和兔的脚一共有94只,所以,可以设方程组:

$x + y = 35$ ①

$2x + 4y = 94$ ②

解方程组:

② ÷ 2 → $x + 2y = 47$ ③

③ − ① → $y = 12$

大家有没有发现，其实解方程的方法与《孙子算经》中的"砍足法"特别相似呢？

②÷2这一步，就相当于总脚数÷2。

③-①这一步，就相当于总脚数÷2，再减去总头数。

所以说，《孙子算经》中使用的方法基本上也是方程的原理。

21 数论

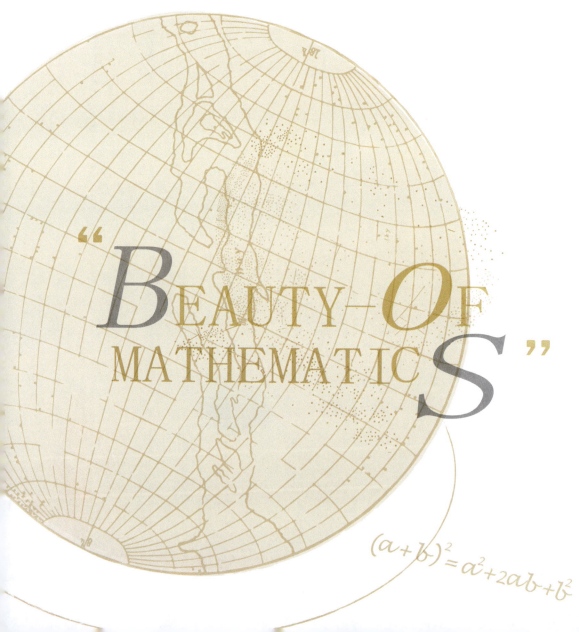

"BEAUTY-OF MATHEMATICS"

一、第一次数学危机

在爱琴海边的古希腊,有一个名叫"毕达哥拉斯"的人,正眉头紧锁地凝望着大海。

此刻他的心情非常复杂,既有愤怒、又有无奈,还有一种莫名的恐惧。毕达哥拉斯不是别人,他是古希腊最早发现"勾股定理"的大数学家。

事情还得从头说起,毕达哥拉斯作为古希腊最杰出的数学天才,创立了著名的"毕达哥拉斯学派",他有非常多的学生,在当地影响力巨大。

毕达哥拉斯学派认为"万物皆数",自然界的万事万物都可以用"数"来表示,而且这里的"数"要么是整数,要么是整数之比,也就是分数。

那时候的古希腊,整数指的是正整数(不包括零),他们认为不是整数的数,都可以用整数比来表示,比如:

$$0.5 就是 \frac{1}{2}$$

$$1.21 就是 \frac{121}{100}$$

这些非整数的数其实就是小数,而且是有限小数。

还存在另一些非整数是无限小数,且是无限循环小数,比如

$$0.\dot{3} 就是 \frac{1}{3}$$

而 $0.\dot{8}5714\dot{2}$ 可以用 6/7 来表示。

毕达哥拉斯认为,自然界所有的数,要么是整数,要么就是整数之比(分数),没有其他第三种形式。数是万物之源,由1生成2,由1和2生成各种数,再生成各种几何图形,由几何图形生成各种物体。

一切看起来都是那样的合理。可是很快,意想不到的事情发生了,并且发生在毕达哥拉斯的学生身上。

我们都知道著名的勾股定理,而在古希腊,是毕达哥拉斯率先发现的这个定理,所以叫作"毕达哥拉斯定理"。直角三角形两条直角边的平方和等于斜边的

平方。

正是这一发现，让毕达哥拉斯学派的"万物皆数"学说遭遇了危机。

有一天，毕达哥拉斯的一位学生名叫西帕索斯，他在计算一道题，如果一个直角三角形，两条直角边都是1，那么它的斜边是多少呢？

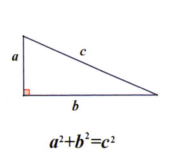

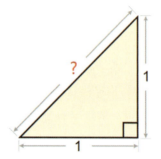

根据勾股定理，假设这个斜边长为c，那么

$$c^2 = 1^2 + 1^2 = 2$$

那么

$$c = \sqrt{2}$$

如果用小数来表示：

1.41421356237309504880168872420969807856967187537694807317667973799073247846210703885038753432764157273501384623

09122970249248360558507372126441214970999358314132226659275055927557999505011527820605714701095599716059702745345968620147285174186408891986095523292304843087143214508397626036279952514079896872533965463318088296406206152583523950547457502877599617298355752203375318570113543746034084988471603868999706990048150305440277903164542478230684929369186215805784631115966687130130156185689872372352885092648612494977154218334204285686060146824720771435854874155657069677653720226485447015858801620758474922657226002085584466521458398893944370926591800311388246468157082630100594858704003186480342194897278290641045072636881313739855256117322040245091227700226941127573627280495738108967504018…

这个数太可怕了，它是一个无限不循环小数，也就是说它的位数是无穷的，而且没有任何循环规律。在这个小数里，你的生日、你家的电话号码、手机号都会出现。而且它没法用一个整数比（分数）来表示，这就打破了毕达哥拉斯学派的"万物皆数"学说，整个学派的根基被撼动了，这就是第一次数学危机。

回到故事的开头，毕达哥拉斯没想到，自己的学说竟然被自己发现的定理给打败了，而发现这个漏洞的人竟然是他的学生。他感到很懊恼，又感到恐惧，这么多年信奉的理论竟然是错的，这让他无法接受。他站在海边感到迷茫无措。

虽然西帕索斯的发现是正确的，但是毕达哥拉斯的学生们还是接受不了这个现实。他们感到很恐慌，为了维护学派的威信，下令任何人不能对外透露这个发现，否则就要被活埋。但是真理是封锁不住的，这个发现还是被传了出去。追查下来，人们发现泄露消息的正是西帕索斯本人，由于害怕被活埋，西帕索斯逃了出去，在外流亡了很多年。

后来，西帕索斯十分思念家乡，他偷偷返回希腊。在地中海的一条海船上，毕达哥拉斯的忠实门徒发现了西帕索斯，他们残忍地将西帕索斯扔进了地中海。

西帕索斯虽然被害死了，但是他发现的"新数"却还存在着。人们从他的发现中知道了除整数和分数外，世界上还有另一种"新数"。后来，人们觉得整数和分数是容易被人理解的，就把整数和分数合称为"有理数"，而把西帕索斯发现的新数起名为"无理数"。

毕达哥拉斯的故事告诉我们，人们对于"数"的研究在2000多年前就开始了，并且还在不断地进步中。虽然毕达哥拉斯的理论遭遇了危机，但不可否认的是，他仍然是最伟大的数学家之一，除了勾股定理，他还研究了图形规律，发现了音乐与数学的关系，而且还定义了奇数和偶数。

二、奇数、偶数

整数中，是2的倍数的数叫作偶数（0也是偶数），不是2的倍数的数叫作奇数。

1.奇偶数运算公式

奇偶数之间的加减遵循下面的公式规律。

（1）奇数±奇数＝偶数。　　　　　（2）偶数±偶数＝偶数。

（3）奇数±偶数＝奇数。　　　　　（4）奇数×奇数＝奇数。

（5）奇数×偶数＝偶数。

2. 公式的证明

我们用积木来表示数字，偶数都是成对出现的，比如2、4、6就是这样。

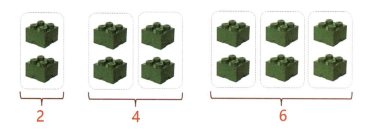

而奇数都是成对再加上落单的1个，比如1、3、5就是这样。

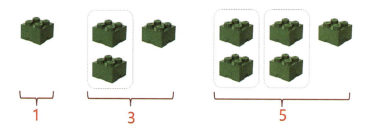

（1）奇数±奇数＝偶数

两个奇数相加，可以这样来表示。

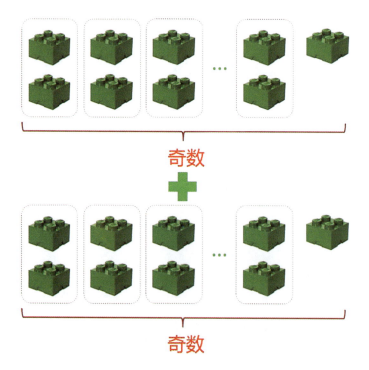

我们把两个落单的积木,拿出来,放到一起,就又凑成了一对。

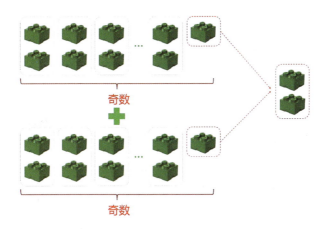

这样,所有的积木都是成对出现了,所以两个奇数相加的结果就是偶数。

$$奇数 + 奇数 = 偶数$$

同样的,如果两个奇数相减,也就是从"奇数"个积木中,再拿走一定"数量"的积木,这个"数量"也是奇数。

假如一开始积木有这么多。

再拿走"奇数"个积木,也就是先拿走一个单只的,再拿走的都是成对的,所以剩下来的必然是成对的,所以结果是偶数。

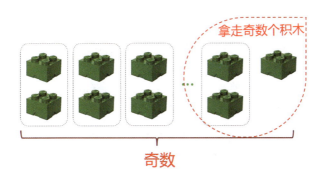

所以

$$奇数 - 奇数 = 偶数$$

（2）偶数 ± 偶数 = 偶数

两个偶数相加，可以这样来表示。

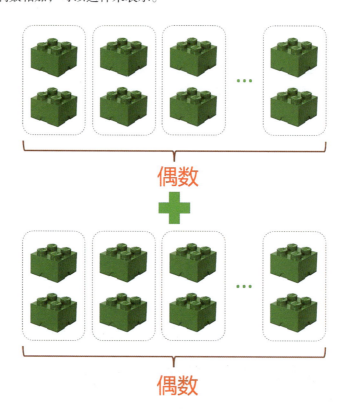

把所有的积木加在一起，都是成对出现的，所以结果仍然是偶数。

$$偶数 + 偶数 = 偶数$$

同样的，两个偶数相减，可以这样来表示。

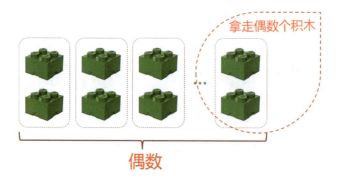

拿走了"偶数"个积木,也就是一对一对地拿走,所以剩下来的仍然是成对的,所以结果仍然是偶数。

$$偶数 - 偶数 = 偶数$$

(3) 奇数 ± 偶数 = 奇数

同样的,奇数 + 偶数可以这样来表示。

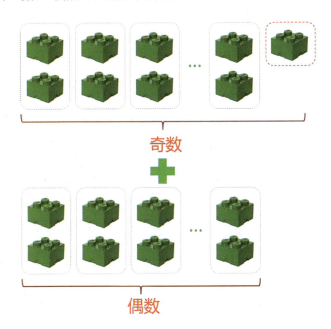

"奇数"个积木和"偶数"个积木放在一起,数数看,加起来之后仍然是多出一个单只积木,所以

$$奇数 + 偶数 = 奇数$$

那么,如果从奇数中减去偶数呢?可以这样来表示。

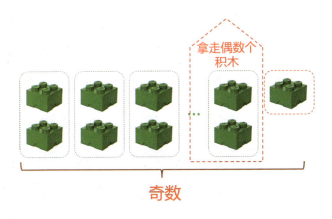

不管拿走多少个（偶数）积木，剩下来总是会多出一个单只的积木，所以结果是奇数。

$$奇数 - 偶数 = 奇数$$

（4）奇数×奇数=奇数

两个数相乘，我们可以用面积图来表示。

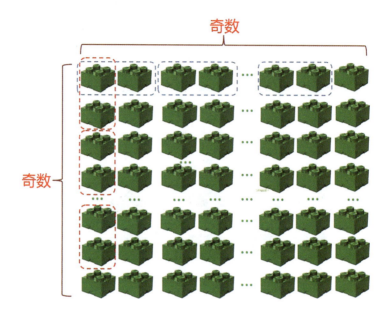

在下面这个面积图中，我们可以换一种方式来观察，一行一行地相加。

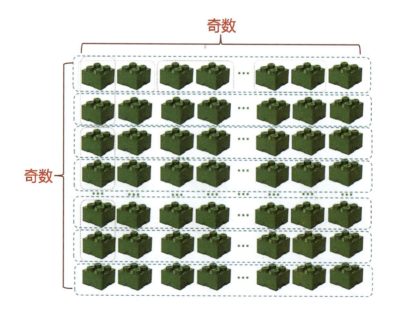

我们把所有的行两两分组，由于行数也是奇数，所以还剩下一行没有办法成组。

每一行的数量都是奇数，每组包含两个奇数，因为奇数 + 奇数 = 偶数，所以每组的和是偶数。

这样所有的组加起来就是偶数，因为偶数 + 偶数 = 偶数。

但是因为还有一行没有成组，所以最后的结果是偶数 + 奇数，结果为奇数。所以奇数 × 奇数 = 奇数。

（5）奇数 × 偶数 = 偶数

奇数乘以偶数，可以看成 n 个偶数相加（n 是奇数）。

因为偶数 + 偶数 = 偶数，所以，无论多少个偶数相加，结果必然是偶数。所以奇数 × 偶数 = 偶数。

三、质数和合数

整数除了奇数偶数之分，还有一种古老的分类方法，那就是质数与合数。

一个数，如果只有1和它本身两个因数，这样的数叫作质数（或素数）。一个数，如果除了1和它本身还有别的因数，这样的数叫作合数。比如，2、3、5、7、11、13、17都是质数；而4、6、15都是合数，因为它们除了1和本身外，还有第三个因数，比如4还可以被2整除，6还可以被3整除，15还可以被5整除。

几千年来，数学家们一直在研究质数的性质。

1. 质数有无限多个

在古希腊，人们一直在研究质数，是不是存在一个最大的质数呢？如果存在，那么这个最大的质数是多少呢？

有一个笨办法，就是一直数下去，2、3、5、7、11、13、17、19、23、29、31……一个人一辈子也数不完。

古希腊另一位伟大的数学家欧几里得就证明了质数有无限多个，是数不完的。

他采用的是反证法。

假设质数的数量是有限的，最大的质数为 P。那么把所有小于等于 P 的质数相乘：$2 × 3 × 5 × 7 × \cdots × P$ 是含有所有质因数的数，取一个数 $N = 2 × 3 × 5 × 7 × \cdots × P + 1$，那么，$N$ 不能被 2、3、5、7、$\cdots$、P 中的任何一个数整除，也就是说，2、3、5、7、$\cdots$、P 都不是 N 的质因数。

所以，N要么是质数，要么N有比P大的质因数。

如果N是质数，但是它比之前假设的最大质数P还要大1，与假设矛盾。

如果N有比P大的质因数，那也就是存在比P大的质数，也与假设矛盾。

所以，通过反证法可以得出质数有无限多个。

既然质数有无限多个，那么，有没有办法找到一个公式，能够快速知道，这个数是不是质数呢？

人们一直在寻找这样的公式，但是却一无所获。不过，一些天才数学家，却找到一些方法，来筛选出质数。

2. 埃拉托色尼筛法

埃拉托色尼是古希腊一位杰出的数学家、天文学家和地理学家，他首创了测量地球圆周长度的方法。

他对于质数也非常有研究，提出了著名的素数筛法（质数也称为素数），这个方法能快速找出有限个数的质数。

比如，我们要找出100以内的质数，先从2开始，将每个质数的倍数标记成合数。一个质数的各个倍数是一个等差数列，把这些合数筛选出来，剩下的就是质数。

我们先把100以内的数字都列出来。

1?	2	3	4	5	6	7	8	9	10
11	12	13	14	15	16	17	18	19	20
21	22	23	24	25	26	27	28	29	30
31	32	33	34	35	36	37	38	39	40
41	42	43	44	45	46	47	48	49	50
51	52	53	54	55	56	57	58	59	60
61	62	63	64	65	66	67	68	69	70
71	72	73	74	75	76	77	78	79	80
81	82	83	84	85	86	87	88	89	90
91	92	93	94	95	96	97	98	99	100

第一步，找出质数2所有的倍数，图中绿色的部分。

第二步，找出质数3所有的倍数，图中蓝色的部分。

第三步，找出质数5所有的倍数，图中红色的部分。

第四步，找出质数7所有的倍数，图中紫色的部分。

颜色规则：每个质数的倍数在首次被找出时，使用其对应的专属颜色标记。

那么，这样的筛选什么时候结束呢，直到下一个素数11，它的平方数121，已经超过了我们要筛选的范围100，此时筛选算法结束。

剩下的数就是质数，用白色部分表示。

3. 哥德巴赫猜想

千百年来，数学家们对质数的研究从未停止过，而"数论"作为数学的皇冠，被称为最纯粹的数学。

著名的德国数学家哥德巴赫提出了以下猜想：

任一大于2的偶数都可写成两个素数之和

但是哥德巴赫自己无法证明它，于是就写信请教赫赫有名的大数学家欧拉帮忙证明，但是一直到死，欧拉也无法证明。

这个猜想其实很容易理解，比如偶数4、6、8、10、12可以这样来表示：

$$4 = 2 + 2$$
$$6 = 3 + 3$$
$$8 = 5 + 3$$
$$10 = 5 + 5$$
$$12 = 5 + 7$$
$$\dots$$

虽然我们可以这样列举下去，但也只是猜想，如果想要严格的数学证明，那真是难上加难。

几十年来，一直有数学家想要证明这个猜想。

华罗庚是中国最早从事系统研究哥德巴赫猜想的数学家。1966年，中国数学家陈景润证明了"1 + 2"，被称为"陈氏定理"，即：

任一充分大的偶数都可以表示为两个数之和，其中一个是素数，另一个或为素数，或为两个素数的乘积。

这一定理在哥德巴赫猜想证明的道路上，迈出了极其重要的一步。

四、在生活中的应用

💡 现实世界

很多人会问,把"数"研究得那么深入,有什么作用呢?其实,质数的作用可大了。

在现代通信中,我们经常需要通过网络传输一些重要信息。为了确保信息的安全,通常会对这些信息进行加密。加密过程中需要使用一种叫作"密钥"的东西,它相当于一串非常复杂的密码。许多加密算法正是基于质数的性质设计的。具体来说,加密时会将信息编码,并利用质数生成密钥。接收者收到加密信息后,只有使用正确的密钥才能解密。对于没有密钥的第三方来说,想要破解加密信息,实际上需要完成一个复杂的数学过程——分解质因数。由于分解质因数的计算量非常大,尤其是当涉及的质数足够大时,即使使用现代计算机也需要耗费极长的时间。因此,即使理论上可以破解,实际中也会因为时间成本过高而失去意义。

✏️ 试一试

大的整数分解质因数非常难,你可以试一试,对下面这个大数分解质因数:

123456789

📖 你知道吗?

在美洲有一种"质数蝉",幼虫在地底下生活很多年,靠吃树根为生。它们的一生大部分时间在地下度过,仅仅在每13年或17年才出土化为蝉并进行交配。为什么质数蝉要等这么久,更奇怪的是,为什么它们出现的周期恰好是质数?

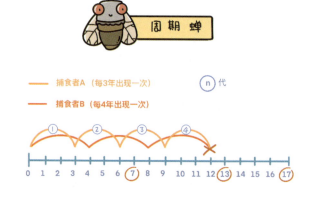

蝉的天敌（鸟类和黄蜂）的生命周期比蝉短（大约分别为3年或4年），并且每3年或每4年天敌就会出来捕食蝉。如果蝉的生命周期为12年，那么生命周期为3年的捕食者A每四代就会捕猎蝉一次（$3 \times 4 = 12$）。生命周期为4年的捕食者B每三代就会捕猎蝉一次（$4 \times 3 = 12$）。这同样适用于寿命为2年的捕食者，每六代就会捕食蝉一次（$2 \times 6 = 12$）。

那么蝉如何才能避免每次出现时被吃掉呢？解决方案：在地下等待特定质数年。

为什么是质数年？因为只有质数年才不会与任何潜在掠食者的生命周期"重叠"。例如，如果蝉的生命周期为13年，那么任何生命周期在2到12年之间的捕食者都会错过捕猎蝉的窗口，因为13只能被1和13整除。比如，以6年为一个周期，它将错过13年生命周期的蝉，因为$6 \times 2 = 12$和$6 \times 3 = 18$。第二代捕食者会早1年，第三代捕食者会晚5年。

只有生命周期为13年和17年的蝉才能避免被潜在捕食者"重叠"。

想一想，为什么"质数蝉"会这么聪明？能恰好选择13、17这样的质数？（提示一下：这涉及一个著名的生物知识）

22 大数

"BEAUTY-OF MATHEMATICS"

一、麦粒棋盘的故事

公元6世纪左右,印度北部地区因部落冲突频发,民间常以暴力解决争端。直到有一天,一位叫达依尔的人出现了,他很痛恨这样动不动就诉诸武力的行为。

后来,他成为国王舍罕王的宰相,为了结束这种野蛮行为,达依尔一直冥思苦想。

有一天,他终于想到了一个绝妙的方法。他发明了一种叫作象棋的游戏。在一个8×8的格子棋盘上,有国王、王后、车、马、象还有士兵,下棋的双方移动棋子来吃掉对方的棋子。

据说在当时,如果两个人之间有矛盾,就坐下来下一盘棋一决胜负,很多战争就这样避免了。

这个游戏非常好玩,慢慢流传开来,国王舍罕王十分开心。决定要奖赏达依尔。国王问达依尔:"你发明了这么好的游戏,也拯救了很多人的性命,我要好好地奖赏你,告诉我,你需要什么呢?"

达依尔想了想,拿出了一个棋盘,说:"陛下,我只需要您赏赐给我一些麦子就行了!"

国王一听:"这个要求太好实现了。"

达依尔指着棋盘,接着说:"在棋盘的第一个格子上放1粒麦子,第二个格子放2粒,第三个格子放4粒,第四个格子放8粒,以此类推,每个格子都放前面格子的两倍,直到把六十四个格子放满就行了。"

国王一听,心中一阵窃喜,说:"你只需要这么一点奖赏吗?"

毕竟达依尔发明了这么好的象棋游戏,赏赐他一些麦子还真不是难事。

"我会按照你的要求赏赐给你的。"国王说完,就命人扛过来一大袋麦子,他想这一袋麦子应该足够了。

于是,放麦子的工作开始了,按照达依尔的要求,第一个格子放1粒,第二个格子放2粒,第三个格子放4粒……每一个格子放的麦子数量是前一个格子的两倍。

很快，这一袋麦子就用完了，棋盘却只装满了不到二十个格子，还剩四十多个格子是空的！

于是，国王又命人扛进来一袋袋的麦子。随着格子一个个被放上麦子，每个格子需要的麦子也越来越多，十袋、二十袋、三十袋……

国王很快就发现，即使把全国粮仓里的所有麦子都搬过来，也远远满足不了达依尔的要求。

我们计算一下，放满所有的格子，需要18446744073709551615粒麦子。这么大数量的麦子，大概相当于全世界2000年的麦子产量的总和。

看来，舍罕王是无法满足达依尔宰相的要求了。

再来看一看这个数字：

18446744073709551615

实在太大了，小朋友，你能把它读出来吗？

二、大数的单位

我们按照从右往左的顺序，把这个"天文数字"标上数量单位。

1	8	4	4	6	7	4	4	0	7	3	7	0	9	5	5	1	6	1	5
?	?	?	?	?	?	?	千亿	百亿	十亿	亿	千万	百万	十万	万	千	百	十	个

数量的单位从个、十、百、千、万、亿，再往上是什么呢？

难道是万亿、十万亿……这样吗？

"亿"再往上还有兆、京、垓……

一万亿为一兆，一万兆为一京，以此类推，更大的单位有垓、秭、穰、沟、涧、正、载、极、恒河沙、阿僧祇、那由他、不可思议、无量、大数、无穷大（∞）。

	计数单位		计数单位
10^0	个	10^{36}	涧
10^1	十	10^{40}	正

续表

计数单位		计数单位	
10^2	百	10^{44}	载
10^3	千	10^{48}	极
10^4	万	10^{52}	恒河沙
10^8	亿	10^{56}	阿僧祇
10^{12}	兆	10^{60}	那由他
10^{16}	京	10^{64}	不可思议
10^{20}	垓	10^{68}	无量
10^{24}	秭	10^{72}	大数
10^{28}	穰	∞	无穷大
10^{32}	沟		

"1亿"这个单位，就表示数字1后面有8个0，"1兆"表示数字1后面有12个0。

$$1亿 = 100000000$$

$$1兆 = 1000000000000$$

还有更大的数，比如在人类已经观测的宇宙中，大概有300000000000000000000000000000000000000000000000000000000000000000000000000000个原子。

数一下，数字3的后面有74个0，可以用一种更简便的方式来表示这个数字：

$$3 \times 10^{74}$$

在这里，10的右上角的数字74表示后面要写多少个零，也就是说，上面这个数字表示3后面要连续乘以10，乘74次。

三、古戈尔齿轮

那还有更大的数量单位吗？

答案是：有！

现代数学家创造了一个更大的单位：古戈尔（Googol）

$$1 \text{古戈尔} = 1 \times 10^{100}$$

古戈尔比已知宇宙中原子的数目还要多,是目前最大的计数单位,1后面有100个零,实在是太大了!

美国著名的搜索引擎Google的命名,就来自古戈尔,意寓海量的信息。

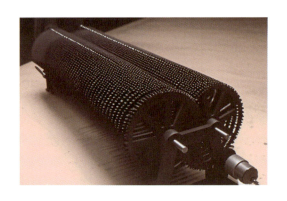

一个古戈尔到底有多大呢?

一位天才工程师丹尼尔·德·布鲁因为了庆祝自己在地球上度过了10亿秒,设计了世界上最大的减速齿轮,他把100个齿轮连接在一起。

第一个齿轮转动10圈,可以带动第二个齿轮转动1圈。

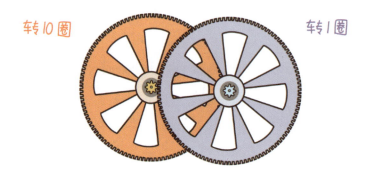

同样,第二个齿轮转动10圈可以带动第三个齿轮转动1圈,以此类推,上一个齿轮转10圈,可以带动下一个齿轮转1圈。

就这样,把100个齿轮组装在一起。

想一想,如果最后一个齿轮,也就是第100个齿轮转动1圈,那么第一个齿轮会转动多少圈呢?

答案是:1个古戈尔,也就是:

$$1 \times 10^{100} \text{(圈)}$$

但是，丹尼尔是看不到最后一个齿轮转动了，因为时间实在是太长了，他说："在我的一生中，我只能看到10个齿轮在转动。"

四、无穷大

前面讨论的数字，都是名副其实的大数，但无论是古印度宰相达依尔想要的小麦，还是古戈尔齿轮，虽然非常大，但都是"有限"的。只要小麦足够多，棋盘的每个格子总是能摆满的。只要时间足够长，丹尼尔的最后一个齿轮也总是会转动起来的。

但这个世界上确实有"无限"的数字，比如说所有整数的和，数轴上所有的点的个数，都是无穷大。

无穷大一般这样来表示：

$$\infty$$

无穷大有很多神奇的特性，比如：

$$\infty = \infty + 1$$

也就是说无穷大加1等于无穷大，还有：

$$\infty = \infty + \infty$$

无穷大加上无穷大还是等于无穷大。

这里面还有个有意思的故事。

有三家酒店，第一家酒店它的房间数量是有限的，有一天所有的房间都住满了。这时来了一位新客人，前台服务员说："不好意思，我们酒店已经住满啦！"

客人只好去第二家酒店。

第二家酒店的房间是无限的，服务员也告诉他店里也已经住满了，新客人准备转身离去。这时前台服务员叫住了他："先生，别急，我马上安排！"新客人很奇怪，既然已经住满了，还怎么安排呢。只见服务员把1号房间的客人挪到2号房间，2号房间的客人挪到3号房间，3号房间的客人挪到4号房间。以此类推，1号房间就被空了出来，这位新客人就住进了1号房间，问题解决啦！

这就是：

$$\infty = \infty + 1$$

现在来说说第三家酒店，它的房间也是无限的，这一天所有的房间也都住满了。这时来了无穷多位客人要入住酒店，这时候服务员会怎么做呢？只见他把1号房间的客人移到了2号房间，把2号房间的客人移到了4号房间，把3号房间的客人移到了6号房间，把4号房间的客人移到了8号房间。以此类推，把每个房间的客人都移到2倍号码的房间，比如15号房间的客人移到30号房间。

想一想，哪些房间空出来了？

所有奇数号码的房间都空出来了，而奇数的个数也是无限的，所以新来的无穷多位客人顺利住了进去。

这就是：

$$\infty = \infty + \infty$$

五、在生活中的应用

现实世界

现实生活中大数的应用非常广泛。比如说：

地球上有80亿人口，用科学记数法表示为 8×10^9；

地球上有3万亿棵树，用科学记数法表示为 3×10^{12}；

一光年的距离大概是9.46万亿千米，用科学记数法表示为 9.46×10^{12}；

宇宙大爆炸至今约138亿年，换算成秒约为 4.35×10^{17} 秒；

地球上有 10^{19} 种昆虫围绕在我们周围；

$3 \times 3 \times 3$ 的魔方有 4.33×10^{19} 种可能的组合。

你知道吗？

数学家们对大数的研究从来没有停止过，世界上甚至还有一种比赛，参赛双方比一比，看谁写出的数字更大，赢的人可以获得高额的奖励。

大数是可以比较大小的，那如何比较两个无穷大数的大小呢？

著名数学家格奥尔格·康托尔提出了一个方法，把两个无穷数列中的数字一一配对，如果刚好能一一对应，那么这两个数就是相等的，如果有一个数列中还有数剩下，那这一组数就更大一些。

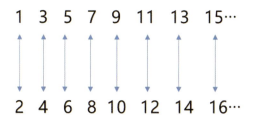

用这种方法能否比较奇数和偶数的个数是不是相等呢?

显而易见,奇数和偶数的个数是相等的,因为它们可以一一对应。

所以,奇数和偶数数列是相等的。

试一试

但是,一个包含了奇数的数列和一个包含了所有整数的数列,哪一个数量更大呢?

乍一看,是不是觉得整数数列的数量更大?因为整数包含了所有的奇数,但是如果用上面的方法来比较一下,你会发现两个数列是一样多的!

不信,用上面的方法试试看吧。

23 分数

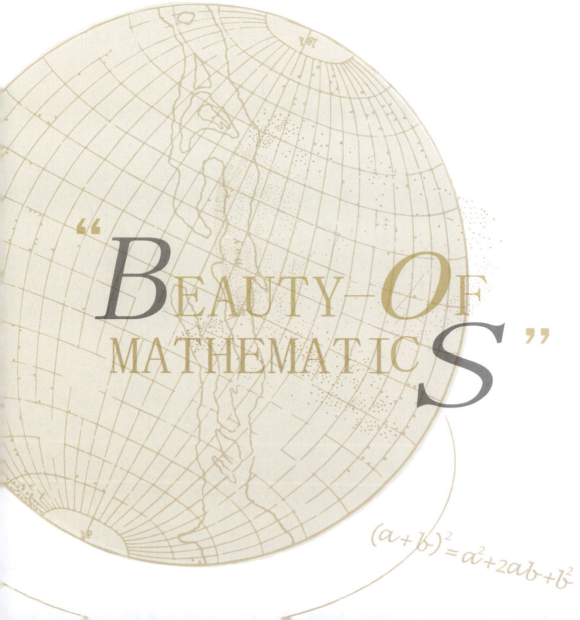

"BEAUTY-OF MATHEMATICS"

$(a+b)^2 = a^2 + 2ab + b^2$

一、分马的故事

很久以前有一个智者，喜欢骑着马云游天下。有一天，他来到一个小村庄，看到村头的大槐树上拴着一群马，旁边还有三个小伙子，坐在那里愁眉苦脸的，不停地唉声叹气。

智者连忙走上前去问个究竟："三位如此愁容满面，发生什么事了？或许我能帮得上忙。"

只见年龄稍长的小伙子，抬起头来，看着智者说："您有所不知，我们三个人是亲兄弟，我是家里的老大。前些日子，我们的爹爹因病去世了，他老人家在临走之前对我们说，家里一共有十七匹马，三个兄弟就分了吧，老大分二分之一，老二分三分之一，老三分九分之一。"

"可是问题来了，一共十七匹马，按照爹爹的遗愿，这可怎么分呢，十七匹马的二分之一，那是多少，没法分啊！难道还要把一匹马一劈两半吗？"

"是啊，我分到了三分之一，这也没法分啊，十七的三分之一也不是一个整数！"老二附和道。

"我分到的九分之一也是无从下手，我们三个人为了这事一筹莫展。"老三也无可奈何地开口说话了。

智者思考了一会儿，心中有了答案，他笑着说："这样吧，或许我能帮你们这个忙。"

智者指着自己的那匹马说："我把我的马给你们，这样你们就有十八匹马了，再去分分看！"

三兄弟一听，连忙推辞："我们不能随便接受别人的东西，况且您把这匹马给了我们，您自己骑什么啊？"

智者大笑起来："没关系，你们尽管去分，不要为我担心。"

三兄弟开始埋头算了起来。

老大分二分之一，18 的 $\frac{1}{2}$ 是 9 匹。

老二分三分之一，18 的 $\frac{1}{3}$ 是 6 匹。

老三分九分之一，18 的 $\frac{1}{9}$ 是 2 匹。

三兄弟都分到了自己的马，他们突然发现，还剩下一匹马，这不就是智者的那匹马嘛！

智者笑着说:"我的马还是归我,这下你们不用担心了。"

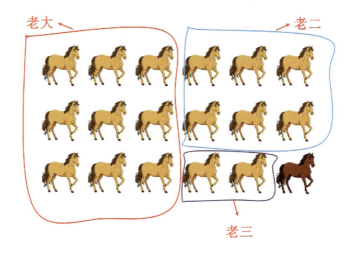

问题解决了,三兄弟对智者佩服得五体投地。

小朋友,你知道这是怎么回事吗?明明智者把自己的马给了三兄弟,为什么三兄弟分完了马,智者的马却没有被分掉呢?

其实,你如果知道怎么做分数的加法,就明白了,原来

$$\frac{1}{2}+\frac{1}{3}+\frac{1}{9}=\frac{17}{18}$$

三兄弟分到马的占比加起来是 $\frac{17}{18}$,并不是1。也就是说如果按照17匹马来分,是没有办法分到完整的马,而加入了智者的一匹马后,变成了18匹马,这样就刚好够分了。

当然了,这只是一个故事,并不是特别严谨,但不妨碍我们去理解分数的意义和运算。

二、分数的意义

分数到底有什么意义呢?如何理解分数呢?有三种方式。

1. 部分和整体

分数表示部分和整体的关系,如下图所示,粉色的区域表示"部分",在"整体"里占了多少,就是分数。

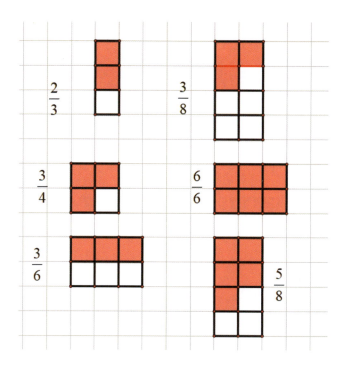

2. 除法

分数还表示除法，把一块比萨平均分给2个人、3个人、4个人……每个人分多少，这就是除法。

如果分给2个人，则每人分$\frac{1}{2}$；如果分给3个人，则每人分$\frac{1}{3}$；如果分给4个人，则每人分$\frac{1}{4}$；以此类推。

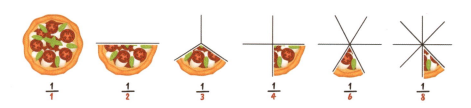

3. 测量

测量首先要确定一个单位长度，再用单位长度去衡量物体的长度。例如，分数$\frac{3}{10}$就是以分数单位$\frac{1}{10}$作为单位长度，量出3个单位长度得到的，即$\frac{1+1+1}{10}$，就是3倍的$\frac{1}{10}$。

$$\frac{3}{10} = \frac{1}{10} + \frac{1}{10} + \frac{1}{10} = \frac{1+1+1}{10}$$

同样，再如 $\frac{4}{5}$，就是以分数单位 $\frac{1}{5}$ 作为单位长度，量出4个单位长度得到的，即 $\frac{1+1+1+1}{5}$。$\frac{4}{5}$ 就是4倍的 $\frac{1}{5}$。

沿着这个思路，可以把分数看成分数单位的倍数。

只有把分数的意义理解透了，才能理解分数的加减乘除。

三、分数的加减

1. 分子相加，分母相加？

分数的加法，为什么不是分子加分子，分母加分母？

$$\frac{1}{2} + \frac{1}{2} = \frac{1+1}{2+2}?$$

这样对吗？

显然不对，但是为什么呢？

其实，可以把分数看成除法，那么

$$\frac{1}{2} + \frac{1}{2}$$

可以写成

$$1 \div 2 + 1 \div 2$$

在四则运算的规则中，要先算乘除再算加减，因此，不能简单地计算 $1+1$，$2+2$，再相除。

再者，分数可以理解为部分和整体的关系，两个 $\frac{1}{2}$ 块比萨加在一起，结果当然是1块比萨，所以 $\frac{1}{2} + \frac{1}{2} = \frac{1+1}{2} = 1$。

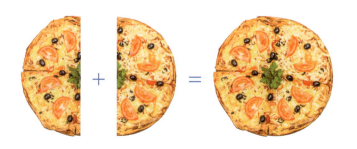

还可以从测量的角度去理解分数，可以把 $\frac{1}{2}$ 看成一个分数单位，在这个算式中，两个分数的分母是相同的，也就是说它们的分数单位是相同的，2 个 $\frac{1}{2}$ 相加，所以直接把分子相加就可以。

$$\frac{1}{2} + \frac{1}{2} = \frac{1+1}{2}$$

$\frac{1}{2}$	$\frac{1}{2}$

因此，同分母的分数加法公式可以表示为：

$$\frac{b}{a} + \frac{c}{a} = \frac{b+c}{a}$$

那如果分母不同呢？比如：

$$\frac{4}{5} + \frac{2}{3} = ?$$

分母不一样，分数单位就不一样，在这个算式中，一个分数单位是 $\frac{1}{5}$，另一个分数单位是 $\frac{1}{3}$，单位不同，不能直接相加。就像下面的长度计算：

$$1cm + 2m = ?$$

一个单位是厘米，一个单位是米，单位不同，不能直接相加，必须先把长度单位进行统一。

所以异分母的分数相加，也必须想办法把分数单位统一起来。

如何统一？答案是通分。

$$\frac{4}{5} + \frac{2}{3} = \frac{4 \times 3}{5 \times 3} + \frac{2 \times 5}{3 \times 5} = \frac{12}{15} + \frac{10}{15} = \frac{12+10}{15} = \frac{22}{15}$$

找到两个分母的公倍数，然后将两个分数的分子分母同时乘以一个倍数，使得两个分数的分母相同，这样就可以直接相加了。

因此，异分母的分数加法公式可以表示为：

$$\frac{b}{a}+\frac{d}{c}=\frac{b\times c}{a\times c}+\frac{d\times a}{c\times a}=\frac{b\times c+a\times d}{a\times c}$$

同样的，分数的减法也可以用公式来表示：

$$\frac{b}{a}+\frac{c}{a}=\frac{b-c}{a}$$

$$\frac{b}{a}-\frac{d}{c}=\frac{b\times c}{a\times c}-\frac{d\times a}{c\times a}=\frac{b\times c-a\times d}{a\times c}$$

2. 蝴蝶算法

为了更快地计算分数加法，有一个很有意思的蝴蝶算法，它的形状就像一只翩翩起舞的蝴蝶。在对应的位置填上相应的数，很快就能得到结果。

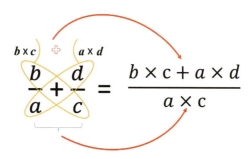

仔细看一看，为什么这样能得到正确答案？是不是和通分的原理类似呢？

四、分数的乘法

1. 乘法公式

分数的乘法运算比加法简单很多，把分子乘以分子，分母乘以分母即可。

$$\frac{b}{a}\times\frac{d}{c}=\frac{b\times d}{a\times c}$$

那为什么分数加法要通分，乘法却这么简单呢？

2. 证明

我们可以从部分和整体的角度来理解分数，比如

$$\frac{3}{5}\times\frac{2}{7}$$

可以理解为一个整体的 $\frac{3}{5}$ 的 $\frac{2}{7}$，可以先找到 $\frac{3}{5}$，再找到它的 $\frac{2}{7}$。

我们画图来表示，用一个长方形来表示整体，先找到 $\frac{3}{5}$。可以这样来画，把

长方形先竖着平均分成5份，斜纹阴影部分占3份，所以就是$\frac{3}{5}$。

那么，$\frac{3}{5} \times \frac{2}{7}$是斜纹阴影部分的$\frac{2}{7}$，再把这部分横着分为7份，那么$\frac{3}{5} \times \frac{2}{7}$就是占其中的2份，也就是图中的点状阴影部分。

我们把横着的线延长，可以把整个长方形平均分，可以看出乘积$\frac{3}{5} \times \frac{2}{7}$占整个长方形的几分之几。

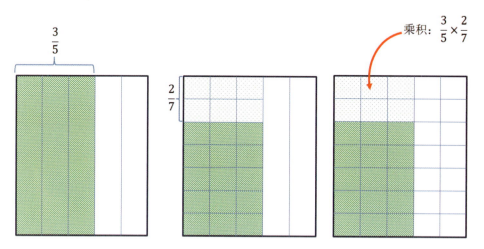

乘积$\frac{3}{5} \times \frac{2}{7}$部分有2行3列，也就是$3 \times 2$个格子。

整个长方形被分成了7行5列，有5×7个格子。

所以

$$\frac{3}{5} \times \frac{2}{7} = \frac{\text{点状阴影部分所占的格子数}}{\text{整个长方形所占的格子的总数}} = \frac{3 \times 2}{5 \times 7} = \frac{6}{35}$$

五、分数的除法

1. 除法公式

两个分数相除，等于被除数乘以除数的倒数。

$$\frac{b}{a} \div \frac{d}{c} = \frac{b}{a} \times \frac{c}{d} = \frac{b \times c}{a \times d}$$

$\frac{d}{c}$的倒数就是$\frac{c}{d}$，这也很容易理解，因为除法是乘法的逆运算，那么如何来证明呢？

2. 证明

两数相除，如果把除数和被除数同时乘以一个数（非0），结果不变。

我们在除号两边同时乘以 $\dfrac{c}{d}$。

$$\dfrac{b}{a} \div \dfrac{d}{c} = \left(\dfrac{b}{a} \times \dfrac{c}{d}\right) \div \left(\dfrac{d}{c} \times \dfrac{c}{d}\right)$$

$$= \left(\dfrac{b \times c}{a \times d}\right) \div \left(\dfrac{d \times c}{c \times d}\right)$$

$$= \left(\dfrac{b \times c}{a \times d}\right) \div 1$$

$$= \dfrac{b}{a} \times \dfrac{c}{d}$$

是不是很简单。

六、在生活中的应用

现实世界

在现实世界中，分数的应用比比皆是。除了在上文中提到的分数的意义，分数还可以表示可能性。

比如投篮命中率，投了10个篮，中了5个，那么命中率是多少呢？

答案是 $\dfrac{5}{10}$。

分数还可以表示比例，90克水中加入10克糖，糖水的浓度是多少？

答案是 $\dfrac{10}{90+10} = \dfrac{10}{100}$。

试一试

现在如果有人问：

$\dfrac{6}{7}$ 和 $\dfrac{7}{8}$ 哪个大？

试一试，你能否不约分就能知道这个问题的答案呢？

其实，这个问题如果转化成用现实世界来解释就会变得非常容易，比如投篮比赛中，你投了7个篮，中了6个，命中率是 $\dfrac{6}{7}$。

那如果再投一个，又中了，此时命中率变成了 $\dfrac{7}{8}$。

想一想，哪个命中率高呢？是 $\dfrac{6}{7}$ 还是 $\dfrac{7}{8}$？

很显然，第8个球又中了，是提高了命中率，所以

$$\frac{7}{8} > \frac{6}{7}$$

这就是在现实世界中理解分数，是不是更简单了？

如果还不是很理解，利用糖水模型去想一想，6克水中加入1克糖，糖水的浓度是多少？

如果再加入1克糖，糖水的浓度又变成了多少？

两次糖水的浓度哪个大？

你知道吗？

分数的加减乘除比整数运算要复杂很多，但是有很多有趣的规律可以用。比如，如果能拥有对分数的数感，很多问题会简单很多。

$\frac{12}{13} + \frac{7}{8}$ 大概是多少？

$\frac{7}{8} + \frac{1}{10}$ 比1大吗？

$\frac{1}{5}$ 和 $\frac{1}{4}$ 哪个大？

$\frac{5}{12}$ 和 $\frac{7}{12}$ 哪个大？

$\frac{3}{8}$ 和 $\frac{4}{7}$ 哪个大？

$\dfrac{3}{4}$ 和 $\dfrac{9}{10}$ 哪个大?

其实不需要动笔去计算,通过数感就能快速得到答案。

● 分子和分母越接近,分数的值就越接近1,所以 $\dfrac{12}{13}+\dfrac{7}{8}$ 接近于 1 + 1,也就是2。

● 同样的,$\dfrac{7}{8}$ 接近于1,且 $\dfrac{7}{8}+\dfrac{1}{8}=1$,只比1小了 $\dfrac{1}{8}$,所以 $\dfrac{7}{8}+\dfrac{1}{10}$ 比1大还是小呢?

● 分子相同,分母越大,则分数越小,那么 $\dfrac{1}{5}$ 和 $\dfrac{1}{4}$ 哪个大?

● 分母相同,分子越大,则分数越大,那么 $\dfrac{5}{12}$ 和 $\dfrac{7}{12}$ 哪个大?

● 通过基准数的比较:$\dfrac{3}{8}$ 小于 $\dfrac{1}{2}$,而 $\dfrac{4}{7}$ 大于 $\dfrac{1}{2}$,那么 $\dfrac{3}{8}$ 和 $\dfrac{4}{7}$ 哪个大?

通过接近基准数比较:$\dfrac{3}{4}$ 和 $\dfrac{9}{10}$ 哪个更接近1呢?

24 小数

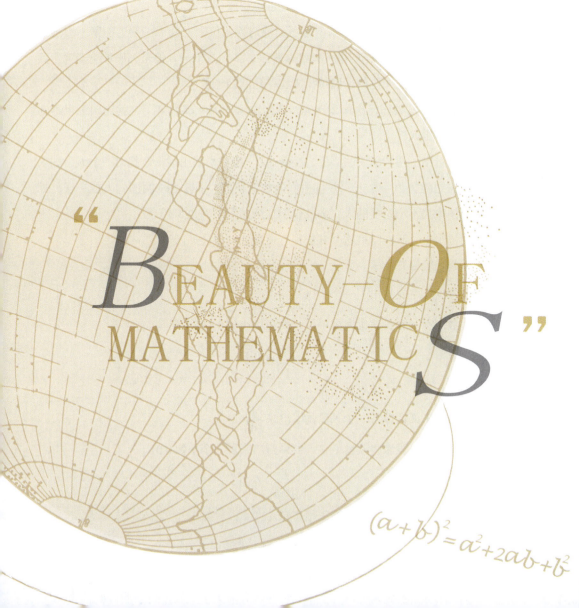

"BEAUTY-OF MATHEMATICS"

$(a+b)^2 = a^2 + 2ab + b^2$

一、小数与分数的故事

在数学星球上,有两个新兴的王国人口众多,生生不息,特别繁荣,它们就是分数王国和小数王国。

有一天,两位国王聚在一起商讨国家大计。

不知道为什么,突然间他们吵了起来。

只听见分数国王说:"我的子民人数是最多的,多得数不清,比小数王国多。"

小数国王不服气说:"不可能!我的子民才是最多的,比天底下所有的沙子都多,更比分数王国多。"

两个人各执一词,吵得难分难解,谁也说服不了谁。

这时候小数王国的宰相站出来了,他对着两位国王鞠了一躬,不紧不慢地说道:"分数王国和小数王国的人民都非常多,多到数不清,但是到底谁更多呢?我有个办法,我们把两国的子民拉出来比一比就知道了。"

两位国王很疑惑,这怎么比呢?两个国家的人数都太多了,就连国王也不知道到底有多少人。

宰相看出了两位国王的心思,接着说:"咱们小数王国任意找出一个人,如果分数王国也能找出一个人,并且他们的数值相等,那就表示两国的人数一样,如果哪个国家找不出这样的人,那就说明这个国家的人数少。"

两位国王一听,觉得这个方法很有道理,也很公平。

于是,较量开始了。

分数国王率先找出了一个子民 $\frac{1}{10}$。

小数国王一看,这也太简单了,他命令小数0.1站了出来。

$$\frac{1}{10} = 0.1$$

两者相等,第一轮旗鼓相当。

分数国王又命令另一个子民站了出来 $\frac{1}{100}$。

小数国王还没来得及发话,人群中跑出来了一个小数0.01。

$$\frac{1}{100} = 0.01$$

没错!还是相等,小数国王很得意。

接下来,分数国王派出了 $\frac{11}{10}$,小数国王就派出了1.1。

分数国王派出了 $1\frac{4}{5}$，小数国王就派出了 1.8。

分数国王派出了 $\frac{603}{1000}$，小数国王就派出了 0.603。

分数国王一看，要想取胜可没那么容易，得使出真功夫了！

于是 $\frac{1}{3}$ 站了出来，这可就没那么简单了。

小数王国的子民们沉默了一会儿，但很快就有人来到了国王面前，原来是

$$0.\dot{3}$$

仔细一看，数字 3 的头顶上还有一个小点，原来是循环小数

$$0.33333\cdots$$

确实，

$$\frac{1}{3} = 0.\dot{3}$$

这下又打成了平手。

分数王国又派出了 $\frac{2}{11}$，小数王国就派出了 $0.\dot{1}\dot{8}$（循环小数 $0.18181818\cdots$）

此时，$\frac{1}{13}$ 一路小跑来到了国王面前，但是小数王国依然应付得过来，经过一番计算，它们把 $0.\dot{0}7692\dot{3}$ 推到了前面。

又打平了！

$\frac{1}{19}$ 出现了，人群中出现了一阵骚动，小数王国的人们纷纷低下头去，在地上算了起来，能找到和它一样的小数吗？过了好长时间，一阵欢呼声传来，找到了：

$$0.\dot{0}5263157894736842\dot{1}$$

好长的小数啊，循环节位数真多，但毕竟还是找到了。

看来再奇怪的分数，也难不倒小数王国啊。

这时候，分数国王无奈地看向小数国王："看来，咱们两国的子民是一样多啊。"

小数国王正准备接受平局，宰相又站了出来："国王陛下，刚才是分数王国先出题，接下来轮到咱们小数王国出题了。"

小数国王一听，心想这不是一样吗？分数王国的每一个子民，在小数王国都能找到对应的人。

宰相胸有成竹地说："我们小数王国人才济济，一定能打败分数王国。"

"请问圆周率π在哪里？"宰相对着人群喊道。

"在这里"，一个细细的声音传来。

人们顺着声音的方向看过去，只见一个小数拖着长长的尾巴走过来，它的尾巴太长了，根本看不到尽头。

他说："我就是圆周率π。"

原来，圆周率π是一个无限不循环小数，难怪它的尾巴是无穷无尽的。

π = 3.14159265358979323846264338327950288419716939937510 582097494459230 78164062862089986280348253421170680…

分数国王看着他的子民，期待着有一个分数能站出来。可是，人群中一片寂静，等了好久也没有人出来。

原来，圆周率π确实没办法用一个普通分数表示出来（将来会学习到一类特殊的分数：连分数，它可以表示无限不循环小数）。

看来，这场较量还是小数王国取得了胜利。

其实，所有的分数都可以化成小数，比如 $\frac{1}{10}$、$\frac{1}{100}$ 可以化成有限小数 0.1、0.01，而 $\frac{1}{3}$、$\frac{1}{13}$、$\frac{1}{19}$ 可以化为无限循环小数 $0.\dot{3}$、$0.\dot{0}7692\dot{3}$、$0.\dot{0}5263157894736842\dot{1}$。

反过来，所有的有限小数、无限循环小数都可以用一个分数来表示。

但是，无限不循环小数，比如，圆周率π就没办法用分数来表示，这样的数就叫作无理数。而整数、分数、有限小数、无限循环小数都是有理数。

我们曾经说过，还有一个小数没法用分数表示，它还导致了第一次数学危机。还记得它是什么吗？

它就是 $\sqrt{2}$。

那么，小数和分数之间的转化，它有什么样的规律呢？

二、小数与分数的转化

有限小数、无限循环小数可以转化成分数，它们是有一套方法的。

1. 有限小数转化为分数

有限小数转化为分数的方法很简单，化为十分之几（百分之几、千分之几……）后再约分就可以啦。示例如下。

$$0.1 = \frac{1}{10}$$

$$0.2 = \frac{2}{10} = \frac{1}{5}$$

$$0.95 = \frac{95}{100} = \frac{19}{20}$$

$$0.6789 = \frac{6789}{10000}$$

$$2.327 = 2\frac{327}{1000}$$

2. 无限循环小数转化为分数

无限循环小数都可以化为分数，转化方法和循环节的位数有关。

（1）1位循环节

如果循环节是1位，比如 $0.\dot{7}$。

可以这样来转化，利用等量代换或简易方程的原理。

假设

$$a = 0.\dot{7}$$

那么

$$10a = 10 \times 0.\dot{7} = 7.\dot{7}$$

把两个式子相减得到

$$10a - a = 7.\dot{7} - 0.\dot{7} = 7$$

也就是

$$9a = 7$$

所以

$$a = \frac{7}{9}$$

因此

$$0.\dot{7} = \frac{7}{9}$$

（2）2位循环节

如果循环节是2位，比如 $0.\dot{3}\dot{6}$。

假设
$$a = 0.\dot{3}\dot{6}$$

那么
$$100a = 36.\dot{3}\dot{6}$$

把两个式子相减得到
$$100a - a = 36.\dot{3}\dot{6} - 0.\dot{3}\dot{6} = 36$$

也就是
$$99a = 36$$

所以
$$a = \frac{36}{99} = \frac{4}{11}$$

因此
$$0.\dot{3}\dot{6} = \frac{4}{11}$$

（3）3位循环节

如果循环节是3位，比如 $3.\dot{2}5\dot{7}$。

假设
$$a = 3.\dot{2}5\dot{7}$$

这时等式两边要同时乘以多少呢？

对了，同时乘以1000，得到
$$1000a = 3257.\dot{2}5\dot{7}$$

两个式子相减得到
$$1000a - a = 3257.\dot{2}5\dot{7} - 3.\dot{2}5\dot{7} = 3254$$

也就是
$$999a = 3254$$

所以

$$a = \frac{3254}{999} = 3\frac{257}{999}$$

(4)纯循环小数化为分数

上面讨论的几种情况,都是从十分位开始循环的小数,它们叫作纯循环小数,也就是从小数点后第一位开始循环。

总结一下,纯循环小数化为分数,将循环节作为分子,循环节如果有一位,分母为9;循环节有两位,分母为99;循环节有三位,分母为999,以此类推。比如

$$0.\dot{3} = \frac{3}{9}$$

$$0.\dot{7} = \frac{7}{9}$$

$$0.\dot{3}\dot{6} = \frac{36}{99}$$

$$0.\dot{2}5\dot{7} = \frac{257}{999}$$

(5)混循环小数化为分数

如果是混循环小数,也就是说它不是从小数点后第一位开始循环,比如0.17777…先化为有限小数和纯循环小数之和,再化为分数。

$$0.1333333\cdots = 0.1 + 0.0333333\cdots = \frac{2}{15}$$

$$0.1\dot{7} = 0.1 + 0.0\dot{7} = \frac{1}{10} + \frac{7}{90} = \frac{9}{90} + \frac{7}{90} = \frac{16}{90} = \frac{8}{45}$$

三、在生活中的应用

💡 现实世界

在古代,分数比小数的出现要早很多年,那为什么有了分数,还需要小数呢?

那是因为小数用在测量方面就比分数方便很多,比如在长度、质量、时间、货币等领域,小数用起来更好。

一个人的身高是1.64 m,如果用分数$\frac{41}{25}$ m来表示,你能知道他有多高吗?

超市里苹果的价格是10.98元/kg,如果用分数$\frac{549}{50}$元/kg来表示,你在付款的时候,知道要付多少钱吗?

使用小数可以更直观地表示这些度量值，并且方便进行比较、加减乘除等数学运算。比如，比较 $\frac{3}{5}$ 和 $\frac{4}{7}$ 哪个大？就没那么容易，要拿笔算一算。

但如果问你 0.6 和 0.57 哪个大？很显然，0.6 大一些。

这就是小数的作用，小数点后第一位称为"十分位"，代表十分之一的部分；第二位称为"百分位"，代表百分之一的部分；第三位称为"千分位"，代表千分之一的部分。

小数点往左移动一位，小数的值就变为原来的十倍，小数点往右移动一位，小数的值就变为原来的十分之一，小数点的移动与数值的关系如下图所示。

整数部分				分数部分		
千	百	十	个	十分之一	百分之一	千分之一
1000	100	10	1	$\frac{1}{10}$	$\frac{1}{100}$	$\frac{1}{1000}$

×10　×10　×10　×10　×10　×10

整数部分				分数部分		
千	百	十	个	十分之一	百分之一	千分之一
1000	100	10	1	$\frac{1}{10}$	$\frac{1}{100}$	$\frac{1}{1000}$

$\times\frac{1}{10}$　$\times\frac{1}{10}$　$\times\frac{1}{10}$　$\times\frac{1}{10}$　$\times\frac{1}{10}$　$\times\frac{1}{10}$

如果用图形来理解小数会更加直观。

下面是十进制数 17.48 的示例，其中 17 是整数部分，而 48 是小数部分，图形分解如下图所示。

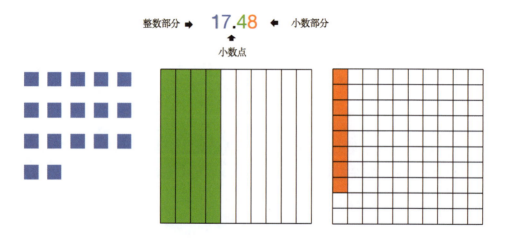

整数部分的17表示17个1（17个整体）。

十分位上的4表示4个$\frac{1}{10}$，也就是0.4。

百分位上的8表示8个$\frac{1}{100}$，也就是0.08。

试一试

按照上面那样的表示方法，图中的图形代表的分数是什么？

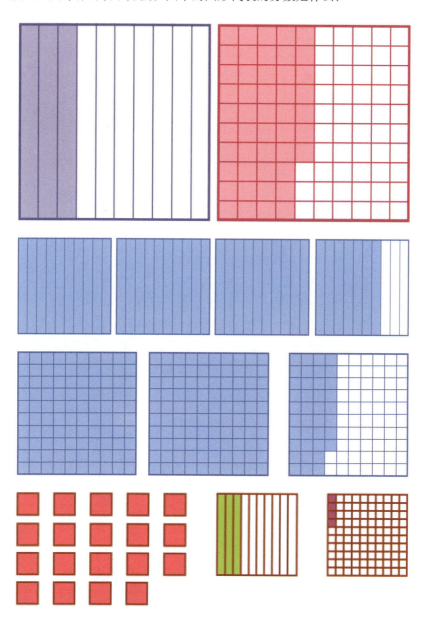

> 你知道吗?

你应该知道的几个特别著名的小数。

$\sqrt{2}$ 的小数表示：$\sqrt{2}$ 是一个无理数，其小数表示近似为 1.41421，就是它导致了第一次数学危机。

无理数 π：π 是一个无限不循环小数，它的数值可以被无限地计算下去。π 的值在数学中有着广泛的应用，例如计算圆的周长和面积等。

e（自然对数的底）：e 是一个无理数，其小数表示也是无限不循环的，其小数表示近似为 2.71828。自然常数"e"以其独特的数学性质，被广泛地运用于解决和描述自然界中的各种现象，同时也在工程、计算机科学和金融等应用领域发挥着重要作用。

25 三角形

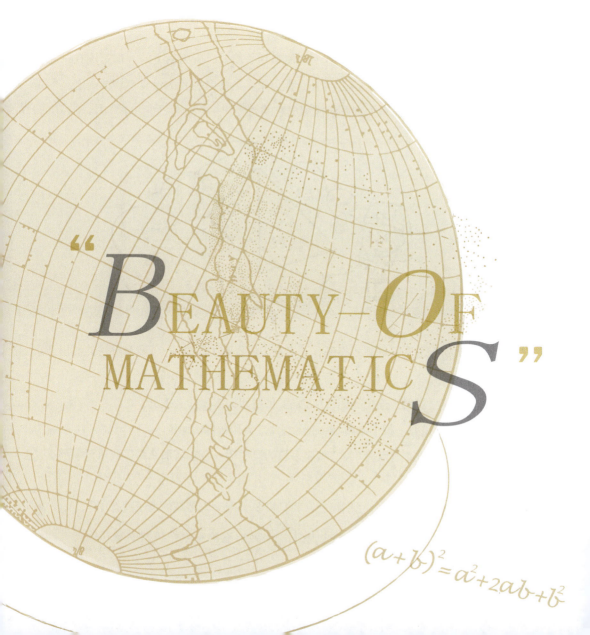

"Beauty-of Mathematics"

一、小木棍与金字塔

泰勒斯是古希腊著名的自然哲学家。泰勒斯因被嘲笑"哲学家只会空谈而无用",他决定通过实践证明知识的价值。

泰勒斯利用天文观测和气象知识,他预测到未来气候条件将导致橄榄大丰收。于是在冬季,他找全城的油坊预定了橄榄榨油机的使用权,注意他购买的是使用权,所以只付了很小一笔定金,并且约定好,如果橄榄不丰收,他可以放弃使用权。

结果那一年,橄榄真的大丰收,人们都要榨橄榄油,所有人都来找泰勒斯购买榨油机的使用权。于是他就发了一笔大财,成为全希腊最富有的人,而且留下了一句名言:"如果哲学家要赚钱,就没商人什么事了!"

泰勒斯喜欢到处旅行,有一次他来到了埃及,看到街上的人们都围在一起看一则告示。他很好奇,挤上前去一看,原来是法老想要测量金字塔的高度,但是金字塔太高了,没有人有办法能测出它的高度。

泰勒斯思索了半晌,心里有了主意。他找到了法老说:"我有办法能测出金字塔的高度。"

法老很高兴,连忙问他:"太好了!请问你需要什么工具?"

"我只需要一根小木棍和一把尺子",泰勒斯自信地说。

法老一听,有点为难:"需要多长的尺子呢?金字塔那么高,我可没有那么长的尺子"。

泰勒斯微微一笑,"别担心,我只需要一把一人多高的尺子就行了"。

法老命人找来了小木棍和尺子,他也很疑惑,泰勒斯到底有什么神奇的办法呢?

泰勒斯仍然不紧不慢地说:"如果明天是晴天,我就告诉您金字塔的高度。"

第二天,艳阳高照,金字塔在地上映出了巨大的影子。

泰勒斯来到了金字塔的旁边,把小木棍插在了地上。然后就坐在旁边,什么也不干,就静静地等着。

人们就更加奇怪了,纷纷问他,什么时候开始测量呢?

泰勒斯一脸镇静:"别着急,还要再等等。"

他指着地上的小木棍的影子说:"我要等它再长一点"。

就这样过了一会儿,影子越来越长。

突然,泰勒斯脸上露出了微笑,他的动作明显加快了,拿出尺子量了量小木棍,又量了量小木棍的影子。

接着,他飞快地跑向金字塔,开始测量地上金字塔的影子,不一会儿就测量完毕。然后,他又测量了金字塔的底边长。拿起木棍在地上计算了一番,终于得出了结果。

泰勒斯把结果告诉了法老,并且解释了他的想法。

法老非常满意,连连称奇:"你太聪明了,真是一位伟大的数学家。"

你知道,泰勒斯是怎么做到的吗?

原来,泰勒斯正是利用了三角形的知识。

泰勒斯在太阳下等待什么呢?原来他是在等木棍的高度和它的影子长度相等的时刻。这个时候太阳的光线、小木棍和它的影子组成了一个小小的等腰直角三角形,如下图所示。

$$A = B$$

就在此时，太阳光线、金字塔的高度、金字塔影子长度＋底边长度的一半也组成了一个大大的等腰直角三角形。

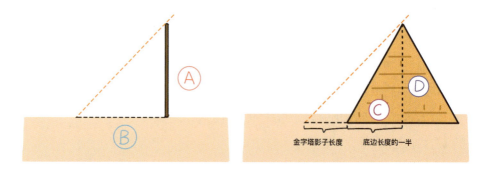

我们用类比的思维，在小三角形中，小木棍的高度和它的影子长度一样，那么在大三角形中：

金字塔的高度＝金字塔影子长度＋底边长度的一半

所以只要测量出金字塔影子长度和底边长度，金字塔的高度很容易就算出来了。

泰勒斯利用两个三角形类比思维的方法，帮助法老测出了金字塔的高度，而这两个三角形也被称为相似三角形，就是说这两个三角形虽然大小不一样，但是它们的三个内角是相同的，边长也有比例关系，所以说它们是相似的。而泰勒斯利用的是相似三角形的原理。

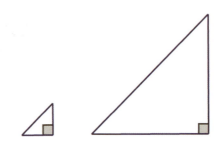

三角形是最简单的多边形，人们按照三角形的角和边长将三角形分成了不同类别。

二、三角形的分类

按照角来分，三角形分为锐角三角形、直角三角形、钝角三角形。

按照边来分，三角形分为不等边三角形、等腰三角形、等边三角形。

下面的表格，列出了三角形的所有分类。

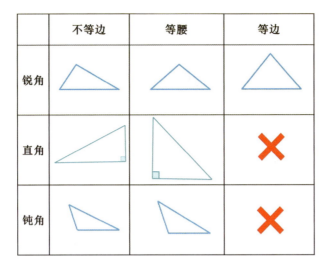

想一想，为什么没有等边直角三角形？为什么没有等边钝角三角形？

因为三角形的内角和是180°，如果是等边三角形，那它的每个内角都是60°，自然就不可能是直角或钝角了。

那么，为什么三角形的内角和是180°呢？

三、三角形的内角和等于 180°

为什么三角形的内角和是180°呢？

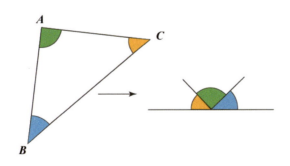

$$\angle A + \angle B + \angle C = 180°$$

如何证明呢？有两种方法。

1. 证明方法一

法国著名的数学家帕斯卡在12岁时就发现了：三角形三个内角的和是两个直角。

他是怎么发现的呢？

一个长方形的四个内角都是90°，所以内角和是360°。

沿着它的对角线剪开，就变成了两个直角三角形。

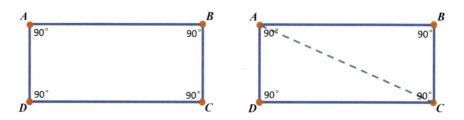

那么每个直角三角形的内角和就是360°的一半，也就是180°。

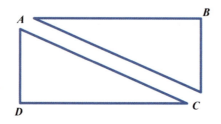

所以，直角三角形的内角和是180°。

那么对于锐角三角形和钝角三角形，它们的内角和也是180°吗？

我们来看钝角△ABC，画出它的一条高，△ABC就被分成了两个直角三角形。

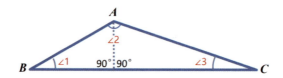

两个直角三角形的内角和是360°，也就是

$$\angle 1 + \angle 2 + \angle 3 + 90° + 90° = 360°$$

所以

$$\angle 1 + \angle 2 + \angle 3 = 360° - 90° - 90°$$

$$\angle 1 + \angle 2 + \angle 3 = 180°$$

同理，也可以证明锐角三角形的内角和是180°。

因此锐角三角形和钝角三角形的内角和也都是180°。

这就是帕斯卡的证明方法，是不是很巧妙？

2. 证明方法二

关于三角形的内角和，还有一个证明方法。

△ABC的三个角分别是x、y、z，底边是BC，沿着顶点A画一条BC的平行线。

根据平行线的性质可知

$$\angle m = \angle z$$

$$\angle n = \angle y$$

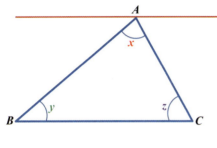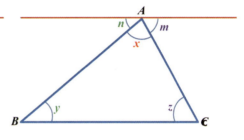

而

$$\angle n + \angle x + \angle m = 180°$$

所以

$$\angle x + \angle y + \angle z = 180°$$

这就证明了三角形的内角和是180°。

那么，三角形的三条边长有什么关系呢？是不是任意三条线段都可以组成一个三角形呢？

四、三角形两边之和大于第三边

三角形还有一个重要特性：两边之和大于第三边。

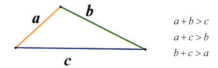

如果三条边长不满足这个条件，就无法构成三角形。比如，如果三条边长分别是4、5、10，它们无法构成三角形，因为没有办法做到首尾相连形成闭合的多边形。

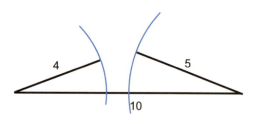

这样直观理解起来很容易，那如何证明这一点呢？

也有两个证明方法。

1. 证明方法一

我们知道，在两点之间任意连线，永远是直的那一条线最短。

那么，对于△ABC来说，从点A到点B有两条路径，一条是从点A沿直线走到点B，走过的距离是线段AB的长度x。而另一条路径是从点A走到点C再走到点B，走过的距离是线段AC与线段BC的长度之和，也就是$z+y$。

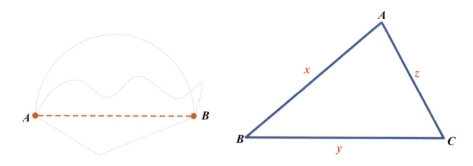

因为两点之间线段最短，所以

$$z+y>x$$

同样可以证明：

$$x+y>z$$

$$x+z>y$$

也就是三角形的两边之和大于第三边。

2. 证明方法二

第二个证明方法用到了一个定理：在一个三角形中，角越大，它所对的边也就越长。比如下面的三角形，因为

$$\angle d > \angle f$$

而角d所对的边是y，角f所对的边是x，所以：

$$y > x$$

而

$$\angle f > \angle e$$

所以

$$x > z$$

我们把三角形的一条边BA延长，延长部分的长度和边AC的长度一样，也就是

$$AD = AC$$

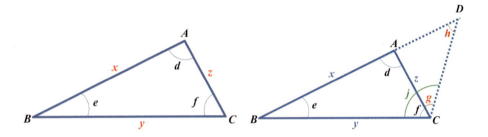

这样就产生了一个新的△ACD，而且是一个等腰三角形，因为AC和AD的长度一样，所以：

$$\angle g = \angle h$$

我们再观察大△BCD，会发现，∠h所对的边是BC，而∠j所对的边是BD。∠h和∠j哪一个大呢？

注意

$$\angle j = \angle f + \angle g$$

而∠g = ∠h

也就是

$$\angle j = \angle f + \angle h$$

所以

$$\angle j > \angle h$$

那么它们所对的边

$$BD > BC$$

同时

$$BD = BA + AD$$

而

$$AD = AC$$

所以

$$BD = BA + AC$$

因此

$$BA + AC > BC$$

而 BA、AC、BC 是 $\triangle ABC$ 的三条边，所以两边之和大于第三边。

换一个角度，同样可以证明

$$BA + BC > AC$$

$$BC + AC > AB$$

五、在生活中的应用

> 💡 现实世界

三角形两边之和大于第三边，看似简单，却在生活中大有用处。

因为三角形的稳定性，人们在建造房屋的时候，经常会用到一种三角梁。

在制作三角梁的时候，需要注意三条边的尺寸，如果尺寸不对，就无法形成三角形，比如这样就无法制作三角梁。

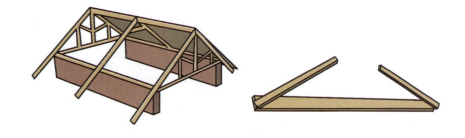

试一试

假如有这样两根木条,一根长10米,另一根长5米,如果要形成一个三角形,那么第三根木条的长度应该在什么范围内?

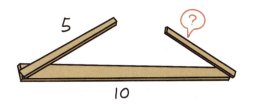

你知道吗?

三角形的神奇之处远远不止上面讲的这些,有一门学科就叫三角学,它研究的是三角形的内角、边长的关系。

泰勒斯利用相似三角形的原理测出了金字塔的高度,但是有了三角学之后,不需要等待太阳和影子,也能做到。

比如,人们经常要测量大树的高度,只需要站在离树的不远处,测出人和树之间的距离,再量出人仰望树梢的角度,就能根据三角学计算出树的高度。

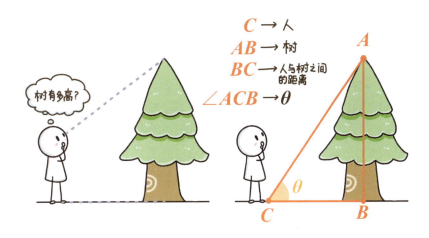

三角学在工程建设中大有用处,比如在山谷之间建造一座桥梁,现在已经建到了桥墩A,但是桥墩B在山的另一边。

此时,怎么样才能定位到桥墩B呢,因为A和B之间隔了一座山,彼此是看不到的。

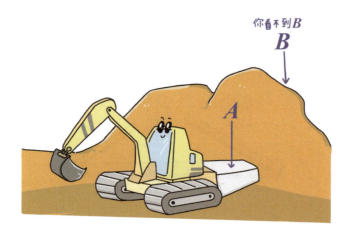

这个时候,就需要借助三角学的知识,找到第三点 C,通过 ABC 三点组成一个三角形,来精准定位它们的角度和位置。

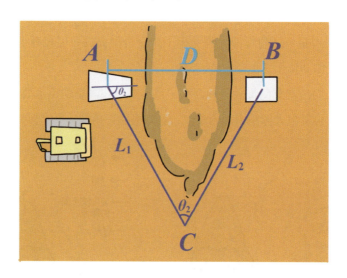

这就是三角形的妙用,到了初中、高中甚至大学,仍然会学习三角形,因为它有太多的奥妙需要去探索。

26 比和比例

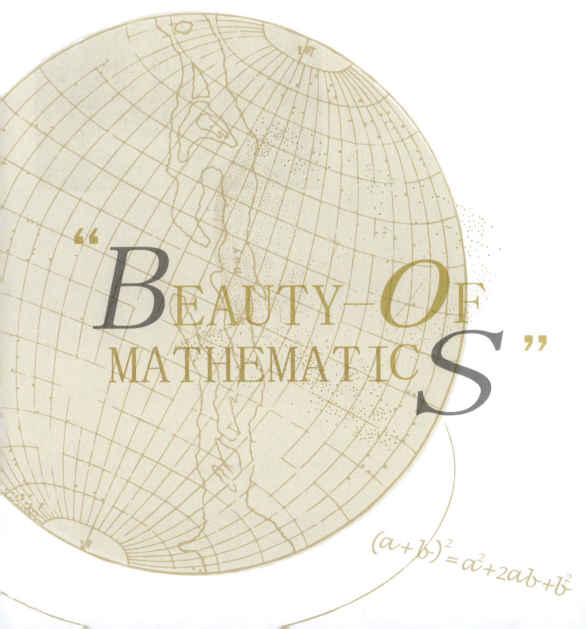

"BEAUTY-OF MATHEMATICS"

$(a+b)^2 = a^2 + 2ab + b^2$

一、中尉的使命

苏联卫国战争期间,有一位中尉接到了一条来自上级的命令,需要他在一条湍急的河流上架桥,以确保大部队能够安全通过。

中尉率领着他的小队出发了,来到了河岸边,水流很深很急,环视四周,河两岸都是茂密的森林。

中尉和士兵们很快量出了河流的宽度,如果要建一座结实耐用的桥,必须有足够长、足够多的木头。

中尉扫了一眼周围的树林,这里的树木有的高耸入云,有的低矮短小。

摆在中尉面前的第一个问题是,得先找到足够高的树,高度要大于河流的宽度,这样才能把桥搭起来。

可是,这个问题不好办,怎样才能知道一棵树有多高呢?

靠眼睛看?不准确!

用尺子量?难道还要让人爬到树上去,这样效率太低了,根本来不及完成建桥的任务。

中尉来回踱着步,沉思良久,没有想到办法。

这时一个瘦弱的士兵走了过来说:"中尉,我有个方法,可以很快测量出树的高度"。

中尉点点头,示意他继续。

只见士兵找到了一根比自己身高稍高一些的木棍,来到了一棵大树的附近。把木棍插在了土里。接着,往后退了几步。

他站直了身子,眯起了一只眼睛,瞄着前方的木棍,然后又退了几步,停了下来。

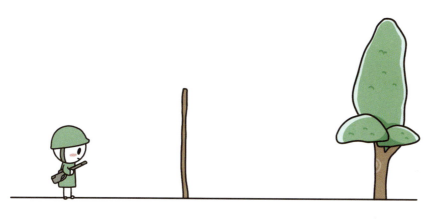

中尉看着士兵的动作,满脸的问号。这是要干吗?这样就能测量出大树的高度吗?

士兵看出了中尉的疑惑,笑了笑,又拿出了尺子,从他站立的地方开始量了起来。他先测量出了他到木棍的距离,又测量出了他到大树的距离,接着他又测起了木棍的高度。

然后,士兵拿出来纸和笔,飞快地写了起来,很快,他就把大树的高度告诉了中尉。

中尉半信半疑,这准确吗?

士兵见状,跟中尉解释了起来,原来他眯起眼睛,是为了让他的眼睛、木棍的顶端和大树的顶端,三者在同一条直线上。

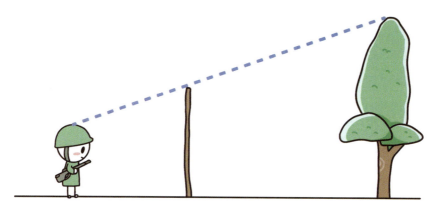

中尉又问了:"那你为什么要测量你和木棍之间的距离呢?咱们要测量的是大树的高度啊。"

士兵又继续在纸上画了起来。

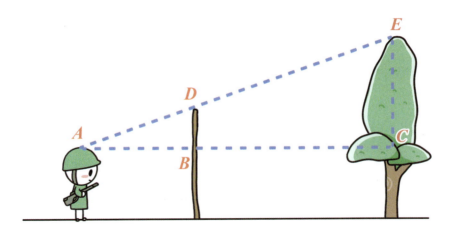

原来，士兵正是利用了三角形相似的原理。△ABD 和 △ACE 是相似的，虽然这两个三角形的大小不一样，但是它们的内角都是相同的。

所以，它们的边长成比例。

$$AB : AC = BD : CE$$

或这样写：

$$\frac{AB}{AC} = \frac{BD}{CE}$$

这时候，中尉恍然大悟，他明白了，为什么要测量士兵和木棍之间的距离（AB），还要测量士兵和大树之间的距离（AC）。

AB 和 AC 的比与 BD 和 CE 的比是相等的。

而 AB、AC 和 BD 都是可以测量出来的。

此时 CE 的长度，也能算出来了：

$$CE = \frac{AC}{AB} \times BD$$

有了 CE 的长度，再加上士兵眼睛的高度，不就是大树的高度了吗！

中尉赞许地点点头，表扬了士兵。

他命令队伍里所有的士兵，用这个方法，测量附近所有大树的高度，找到符合条件的树木。

很快他们就完成了建桥任务，为大部队的前进创造了便利的条件。

中尉和他的小队得到了上级的嘉奖。

士兵也因为利用了三角形的相似性原理，为他的祖国取得卫国战争的胜利，贡献了一份力量。

两个相似三角形的边长是有比例关系的，这就是小学数学中"比和比例"的知识点。

二、比

比（ratio）是指两个同类量之间的倍数关系，由一个前项和一个后项组成的除法算式。

$$A:B$$

比的类型有四类。

⊙ 部分对部分的比：

一个班级里男孩有20个，女孩有23个，男孩与女孩的比为20:23。

⊙ 部分对整体的比：

班级中20个男孩与总人数43人之间的比为20:43。

⊙ 比作为商：

10元钱买了3个苹果，那么金额与苹果数量的比为10:3。

这个结果是一个商，相除后得到的苹果的价格是3.33元。

⊙ 比作为比率：

比率表示不同类单位量之间的关系，比如，汽车每小时行驶80千米，每升汽油可以行驶12千米。

1. 比的性质公式

比的前项和后项同时乘或除以相同的数（0除外），比值不变。

$$A:B = A\times C : B\times C$$

如何证明呢？

其实比可以写成分数的形式：

$$A:B = \frac{A}{B}$$

分数的分子和分母同时乘或除以相同的数（0除外），分数的值不变。

那么：

$$A:B = \frac{A}{B} = \frac{A\times C}{B\times C} = A\times C : B\times C$$

2. 比是乘法关系

我们在一、二年级的时候就学过，比较两个数字的大小可以用加减法，例如苹果有20个，梨有30个，那么苹果和梨的数量关系，就是苹果比梨少10个，或者梨比苹果多10个。这是一种加法关系（或减法关系）。

但在学习了比的概念之后，我们可以说苹果与梨子数量的比为20:30或2:3。

可以说苹果是梨数量的三分之二，或者梨是苹果数量的二分之三倍。这就是一种乘法关系（或除法关系）。

乘法关系和加法关系是要区分清楚的。

3. 区分乘法关系和加法关系

看下面几个问题，判断它们是乘法关系还是加法关系？

（1）汽车A和汽车B在路上行驶，它们的速度一样，A先出发，当A驶过了60千米的时候，B驶过了20千米。问当A驶过120千米的时候，B驶过了多少千米？

（2）农场主的两个儿子A和B分别种小麦，A种了8行，B种了16行，过了120天后，A的小麦才能成熟，那么B的小麦要多久才能成熟？

（3）蛋糕店的师傅A和师傅B，用同一个配方做蛋糕，师傅A要做1000g蛋糕，师傅B要做500g蛋糕，师傅A需要白糖100g，那么师傅B需要白糖多少克？

想一想，这三个问题，是加法关系还是乘法关系？

问题1是加法关系，因为汽车A和汽车B的速度一样，所以只需要考虑汽车A和汽车B行驶过的距离相差40千米，以后就一直是这个距离差，所以当汽车A行驶了120千米时，汽车B行驶了80千米。

问题2是常数关系，无论A、B种多少小麦，成熟周期是一样的，都是120天。

问题3是乘法关系。师傅A要做1000g蛋糕，师傅B要做500g蛋糕，师傅A和师傅B要做到蛋糕之比是2:1，那么他们需要的白糖数之比也是2:1，因为A需要100g白糖，所以B需要50g白糖。

怎么样，你答对了吗？

三、比例

"比例（proportion）"和"比"是不一样的，表示两个比相等的式子叫作比例。

$$a:b = c:d$$

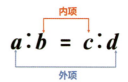

组成比例的四个数，叫作比例的项，两端的两项叫作比例的外项，中间的两项叫作比例的内项。

1. 比例公式1（解比例）

比例两个外项的积等于两个内项的积。

如何证明呢？

$$a:b=c:d$$

将比例化为分数：

$$\frac{a}{b}=\frac{c}{d}$$

等式两边同时乘以 bd，得到

$$\frac{a\times bd}{b}=\frac{c\times bd}{d}$$

约分

$$\frac{a\times bd}{b}=\frac{c\times bd}{d}$$

$$\frac{a\times bd}{b}=\frac{c\times bd}{d}$$

得到

$$a\times d=c\times b$$

2. 比例公式2

如果 $a:b=c:d$，那么，把"比"的前项和后项交换，结果仍然相等。

$$b:a=d:c\ (a、c\neq 0)$$

如何证明呢？

由比例公式1可以得到

$$a\times d=c\times b$$

两边同时除以 $a\times c$，得到

$$\frac{a\times d}{a\times c}=\frac{c\times b}{a\times c}$$

约分

$$\frac{\not{a} \times d}{\not{a} \times c} = \frac{\not{c} \times b}{a \times \not{c}}$$

得到

$$\frac{d}{c} = \frac{b}{a}$$

3. 比例公式3

如果 $a:b = c:d$，则 $a:c = b:d$、$c:a = d:b$。

如何证明呢？

由比例公式1可以得到

$$a \times d = c \times b$$

两边同时除以 $c \times d$，得到

$$\frac{a \times d}{c \times d} = \frac{c \times b}{c \times d}$$

约分

$$\frac{a \times \not{d}}{\not{c} \times d} = \frac{\not{c} \times b}{\not{c} \times d}$$

得到

$$\frac{a}{c} = \frac{b}{d}$$

同样，把分子分母倒过来也一样成立：

$$\frac{c}{a} = \frac{d}{b}$$

4. 用图形来表示比例

我们都学过统计图，如条形图、折线图。

其实比例也可以用图形来表示，例如一辆汽车以40千米/小时的速度行驶，那么它行驶的路程和时间的关系是一个比例关系，时间越长，路程就越长。

0小时	1小时	2小时	3小时	4小时	…
0千米	40千米	80千米	120千米	160千米	…

用比例来表示是这样：

$$40:1 = 80:2 = 120:3 = 160:4$$

用折线图来表示是这样的：

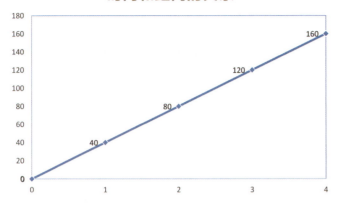

可以看出来,时间越长,距离就越长,时间和距离的比值是不变的,这样的比例叫作正比例,画出来的图就是一条直线。

还有一种情况正好相反,比如一项工程,参与的人越多,完成的时间就越短。

720人	360人	240人	180人	144人	120人	…
1天	2天	3天	4天	5天	6天	…

可以发现,人数和时间的乘积是固定的。

$$720 \times 1 = 360 \times 2 = 240 \times 3 = 180 \times 4 = 144 \times 5 = 120 \times 6$$

用折线图来表示是这样的:

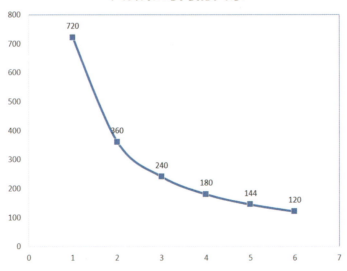

可以看出来，人越多，时间就越短，时间和人数的增长是相反的，两者的乘积是不变的，这样的比例叫作反比例，画出来的图就是一条曲线。

四、在生活中的应用

现实世界

《九章算术》是中国古代最著名的数学专著，里面记载了很多现实生活中的数学问题。比如第二章"粟米"就是一种按比例交换粮食的方法。

粟率五十，粝米三十，粺米二十七，繫米二十四，御米二十一，小䴷十三半，大䴷五十四，粝饭七十五，粺饭五十四，䴷饭四十八，御饭四十二，菽、荅、麻、麦各四十五，稻六十，豉六十三，飧九十，熟菽一百三半，蘖一百七十五。

这里的粟、粝米、粺米是各种不同的粮食，粟指的是小米，粝米指的是粗米，粺米指的是比粝米稍精的米。

粟率五十表示以 50 个单位的粟米为标准，可以交换其他粮食，比如可以交换 30 个单位的粝米，可以交换 27 个单位的粺米等。

用现代数学中的比例来表示：

$$粟米:粝米 = 50:30$$

$$粟米:粺米 = 50:27$$

早在汉代，中国就已经有了成熟的比和比例的应用，古人的智慧太令人惊叹了。

试一试

按照《九章算术》中的粮食交换算法，试一试下面的题目。

今有粟一斗，欲为粝米。问得几何？

注意：这里的斗是古代计量单位，一斗为十升。

你知道吗？

《九章算术》中还有有趣的比例分配问题。

今有牛、马、羊食人苗。苗主责之粟五斗。羊主曰：我羊食半马。马主曰：我马食半牛。今欲衰偿之，问各出几何。

仔细读一读。

它讲的其实是一个有意思的故事，牛、马、羊吃了别人家的禾苗，禾苗的主人让这三头牲畜的主人赔偿粟米，赔多少呢？五斗。

羊的主人说："我家羊吃的苗是马的一半。"

马的主人说："我家马吃的苗是牛的一半。"

问每家需要赔偿多少？

其实这就是按比例分配问题，设羊吃的苗是1份，那么马吃的就是2份，牛吃的就是4份。

假设每家赔偿的粟米数量是x、y、z，那么：

$$x:y:z = 1:2:4$$

剩下的问题就迎刃而解了，试试看吧。

27 因数和倍数

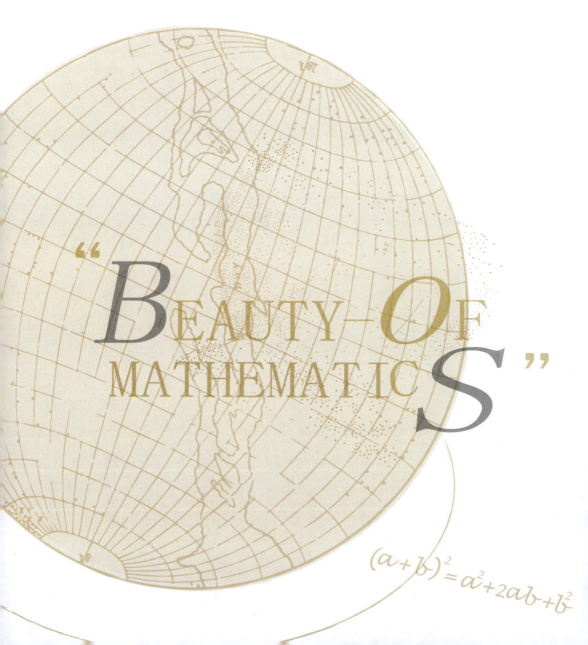

"BEAUTY OF MATHEMATICS"

一、三女归宁

古时候有一个特别有趣的故事《三女归宁》,"归宁"指的是嫁出去的女儿回娘家探望父母。

有一位张员外,生了三个女儿,先后都出嫁了,她们都很孝顺,经常回来探望父母。

大女儿嫁到了很近的东村,她每三天就回来一次。

二女儿嫁到了远一些的西村,回来的次数就少一些,五天回来一次。

三女儿最远,她嫁到了南乡,回来的次数就更少了,每七天才能回来一次。

张员外对三个女儿的孝心很满意,但有一件事却让他有点儿闷闷不乐,作为一个老人,最希望看到全家团圆的场面。三个女儿虽然经常回来,但是有一些遗憾,大女儿回来的时候二女儿不在,二女儿回来的时候三女儿又不在。

他很想三个女儿能同时回来,一家人坐在一起品尝美酒,其乐融融,岂不美哉。

可是等来等去,三个女儿也没有同一天回来相聚。

他找到了村子里精通算术的秀才,向他请教什么时候才能三女同时归宁呢?

秀才听完张员外的倾诉,思考了片刻,拿出一张纸画了起来,口中还念念有词:"大女儿三天……二女儿五天……三女儿七天……"

只见他在纸上先画出了下面的形状。

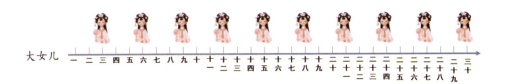

仔细一看,原来是大女儿每三天回来一次,秀才标出了她会在第几天回来,依次是第三天、第六天、第九天、第十二天……

紧接着,秀才又画出了二女儿、三女儿回来的时间,并将她们排在一起。

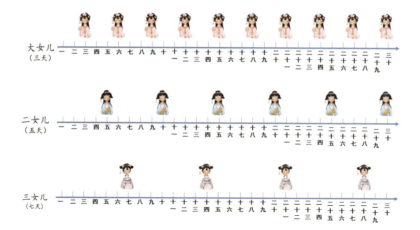

张员外和秀才就开始在纸上数了起来,看看哪一天三个女儿都能回来团聚。他们发现,第十五天,大女儿和二女儿都回来了,但是三女儿却没有回来。

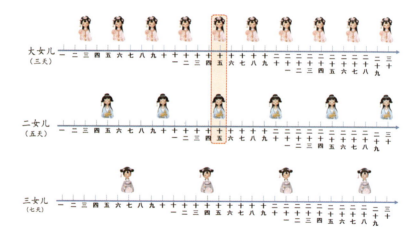

到了第二十一天,大女儿和三女儿同时回来了,但是二女儿却不在。

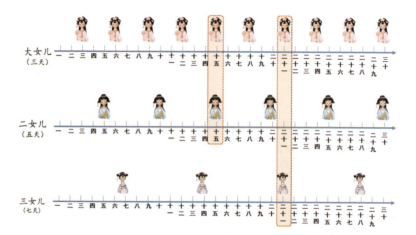

这样一天一天数下去，好像也数不到头啊，到底第几天才能三姐妹团聚呢？

张员外不禁摇摇头，秀才也陷入了深思。

突然，秀才抬起头来，眼里闪过一道光，他想到曾经看过一部算经，里面就有这类问题的解法。

他连忙找到了算经，在纸上算了起来。

先取三、五、七的倒数，依次排列，一在上，三在下，就表示三的倒数三分之一。一在上，五在下，就表示五的倒数五分之一。一在上，七在下，就表示七的倒数七分之一。

然后在最前面放上一个一。

接着用最右边一个分数的分母，去乘以所有的数。

然后约分，得到新的一行数。

然后用倒数第二个分数的分母，去乘以所有的数。

约分后得到新的一行数。

| 三十五 | 三十五 | 七 | 五 |
| | 三 | | |

不断重复这样的操作，直到所有的分数都变成了整数，第一个整数就是你要算的结果。

| 一百零五 | 三十五 | 二十一 | 十五 |

一百零五！

也就是说，张员外的三个女儿要到第105天才能同一天回家团聚，算下来，一年只有三次机会。

张员外不由得叹了一口气，你有什么办法让张员外的女儿们团聚的次数更多呢？

看到这里，你一定知道最后得到的数105意味着什么？

105就是3、5、7这三个数的最小公倍数，而这部算经就是大名鼎鼎的《九章算术》，而刚刚秀才使用的求最小公倍数的方法，就叫作"少广术"。

那么，什么是最小公倍数呢？

最小公倍数是几个整数的所有公共倍数中最小的那一个。

那么，我们先来看，倍数的概念。

二、倍数

一个整数能够被另一个整数整除，那么这个整数就是另一个整数的倍数。怎么判断一个整数能否被另一个整数整除呢？

这里列出了从2到9的倍数特征，可以快速判断一个整数能否被2~9整除。

1. 2的倍数

如果一个数的个位上的数是0、2、4、6、8，那么这个数就是2的倍数。也就是说只要是偶数，就能被2整除。

2. 3的倍数

如果一个数各位上的数的和是3的倍数，那么这个数就是3的倍数。例如：

那为什么是这样呢？如何证明？

假设有一个四位数，各位上的值是 a、b、c、d，那么这个数可以这样来表示。

$$\overline{abcd}$$

下面我们来证明：

$$\overline{abcd}$$

这个数能否被3整除，首先这个数可以换一种表示方式。

$$\overline{abcd} = a \times 1000 + b \times 100 + c \times 10 + d$$

我们做一下变换，把 $a \times 1000$ 换成 $a \times 999 + a$

把 $b \times 100$ 换成 $b \times 99 + b$

把 $c \times 10$ 换成 $c \times 9 + c$

因此

$$\begin{aligned}\overline{abcd} &= a \times 999 + a + b \times 99 + b + c \times 9 + c + d \\ &= a \times 999 + b \times 99 + c \times 9 + a + b + c + d \\ &= 9 \times (a \times 111 + b \times 11 + c \times 1) + a + b + c + d\end{aligned}$$

注意看，$\overline{abcd}$ 被分成了两部分的和，第一部分：

$$9 \times (a \times 111 + b \times 11 + c \times 1)$$

显然是9的倍数，所以第一部分能被3整除。

那剩下来的第二部分：

$$a + b + c + d$$

如果它能被3整除，那整个 $\overline{abcd}$ 也就能被3整除。

如果它不能被3整除，那整个 $\overline{abcd}$ 也不能被3整除。

所以，总结下来，一个数$\overline{abcd}$要能被3整除，那么这个数的各位上的数之和也要能被3整除。

我们还可以由此类推，由四位数扩展到五位数、六位数……会发现这个规律都适用。

所以要判断一个数能否被3整除，无论这个数有多少位，只要判断这个数各位上的数之和是3的倍数，那么这个数就能被3整除。

3. 4的倍数

如果一个数的最后两位数是4的倍数，那么这个数就是4的倍数。

例如，112能被4整除，而6114不能被4整除。

那为什么是这样呢？如何证明？

假设有一个四位数，各位上的值是a、b、c、d，那么这个数可以这样来表示：

$$\overline{abcd}$$

下面我们来证明：

$$\overline{abcd}$$

这个数字能否被4整除。

$$\overline{abcd} = a \times 1000 + b \times 100 + c \times 10 + d$$

我们把$\overline{abcd}$分成了两部分的和。

$$\overline{abcd} = a \times 1000 + b \times 100 + c \times 10 + d$$

我们知道，1000和100都是能被4整除的，所以第一部分：

$$a \times 1000 + b \times 100$$

也是能被4整除的。而剩下来的第二部分：

$$c \times 10 + d$$

如果它也能被4整除,那么整个 $\overline{abcd}$ 也就能被4整除。

而
$$c \times 10 + d$$
就是最后两位数。

我们还可以由此类推,由四位数扩展到五位数、六位数……会发现这个规律都适用。所以要判断一个数能否被4整除,无论这个数有多少位,只要判断最后两位数能被4整除,这个数就能被4整除。

4. 5的倍数

我们知道,一个数的个位数如果是0或5,那么它就能被5整除。

你可以试着证明看看,原理和4的倍数类似哦。

5. 6的倍数

一个数既是2的倍数,又是3的倍数,那它就是6的倍数。

也就是说,如果一个数既是偶数,同时又满足各位上的数之和能被3整除,那么这个数字就是6的倍数。

6. 7的倍数

● 判断一个三位以下的数能否被7整除。

把一个整数的个位数字截去,再从余下的数中减去个位数的2倍,如果差是7的倍数,则原数能被7整除。

判断693是否是7的倍数的过程如下:69 − 3 × 2 = 63,63是7的倍数,所以693是7的倍数。

如何证明呢?

同样假设有一个三位数
$$\overline{abc}$$
可以表示为:
$$\overline{abc} = a \times 100 + b \times 10 + c$$

下面我们把它做一个变换：

$$\overline{abc} = a \times 100 + b \times 10 + c$$
$$= a \times 70 + a \times 30 + b \times 7 + b \times 3 + c \times 7 - 6c$$

这样做的目的，就是尽可能多地拆分出7的倍数，于是：

$$\overline{abc} = a \times 70 + b \times 7 + c \times 7 + a \times 30 + b \times 3 - c \times 6$$

很显然，前面第一部分：

$$a \times 70 + b \times 7 + c \times 7$$

是7的倍数，再把后面的第二部分做一个变换：

$$a \times 30 + b \times 3 - c \times 6 = 3 \times (a \times 10 + b \times 1 - c \times 2)$$

也就是说，只需要

$$a \times 10 + b \times 1 - c \times 2$$

能被7整除，原数就能被7整除。而

$$a \times 10 + b \times 1 - c \times 2 = \overline{ab} - c \times 2$$

因此，三位以下的数对7的整除规则成立。

⊙ 判断一个三位以上的数能否被7整除。

一个数的末三位数与末三位数之前的数字组成的数之差（用大数减小数）是7的倍数，这个数就是7的倍数。例如：118027，这个数字的末三位是027，末三位之前的数字组成的数是118，118 − 27 = 91，91是7的倍数，118027就是7的倍数。

如何证明？

假设有一个六位数：

$$\overline{abcdef}$$

可以表示为：

$$\overline{abcdef} = \overline{abc} \times 1000 + \overline{def}$$

这里要注意一个关键的数字1001，想一想1001有什么特别的地方？ 1001是7的倍数。

因此

$$\overline{abcdef} = \overline{abc} \times 1001 - \overline{abc} + \overline{def}$$

很显然

$$\overline{abc} \times 1001$$

是7的倍数。而剩下来的

$$-\overline{abc} + \overline{def} = \overline{def} - \overline{abc}$$

只要它能被7整除，整个六位数就能被7整除。

以此类推，对于七位数、八位数……也是同样的道理。

7. 8的倍数

一个数的末三位数是8的倍数，那么这个数就是8的倍数。

如何证明？

假设有一个六位数：

$$\overline{abcdef}$$

可以表示为：

$$\overline{abcdef} = \overline{abc} \times 1000 + \overline{def}$$

再假设有一个八位数：

$$\overline{abcdefgh}$$

可以表示为：

$$\overline{abcdefgh} = \overline{abcde} \times 1000 + \overline{fgh}$$

因为1000是能被8整除的，所以$\overline{abc} \times 1000$和$\overline{abcde} \times 1000$也都能被8整除。

那么只要剩下来的末三位数能被8整除，那么原数就能被8整除。

8. 9的倍数

如果一个数的各位上的数的和是9倍数，那么这个数就是9的倍数。

如何证明？

假设有一个四位数：

$$\overline{abcd} = a \times 1000 + b \times 100 + c \times 10 + d$$

我们做一下变换，把 $a \times 1000$ 换成 $a \times 999 + a$

把 $b \times 100$ 换成 $b \times 99 + b$

把 $c \times 10$ 换成 $c \times 9 + c$

因此

$$\begin{aligned}\overline{abcd} &= a \times 999 + a + b \times 99 + b + c \times 9 + c + d \\ &= a \times 999 + b \times 99 + c \times 9 + a + b + c + d \\ &= 9 \times (a \times 111 + b \times 11 + c \times 1) + a + b + c + d\end{aligned}$$

注意看，$\overline{abcd}$ 被分成了两部分的和，第一部分：

$$9 \times (a \times 111 + b \times 11 + c \times 1)$$

显然能被9整除。

那剩下来的第二部分：

$$a + b + c + d$$

如果它能被9整除，那整个 $\overline{abcd}$ 也就能被9整除。

如果它不能被9整除，那整个 $\overline{abcd}$ 也不能被9整除。

所以，总结下来，一个数 $\overline{abcd}$ 要能被9整除，那么这个数的各位上的数的和：

$$a + b + c + d$$

也要能被9整除。

由四位数扩展到五位数、六位数……都能以此类推。

三、最小公倍数

几个整数的所有公共倍数中最小的那一个就是最小公倍数。

如何求最小公倍数呢？有四种不同的方法。

1. 列举法

列举法就是把几个整数的所有倍数都列出来，找出那个最小的公倍数就可以了。

比如4和10，最小公倍数可以这样求。

4的倍数有：

10的倍数有：

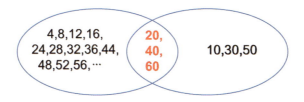

两者的公倍数有：

可以看出来，最小公倍数是20。

2. 扩大倍数法

把几个数中的较大数不断翻倍，直到找到的数也是其他数的倍数，这个数就是最小公倍数。

还是来看4和10，我们找到10的倍数：

$$10,\ 20,\ 30,\ 40,\ \cdots$$

从小到大，第一个4的倍数是哪个？

显然是20，因此，4和10的最小公倍数是20。

3. 分解质因数

把几个数分别分解质因数，成对找出相同的质因数合并，再乘以剩下的质因数，结果就是最小公倍数。

所以 $[4,10] = 2 \times 2 \times 5 = 20$

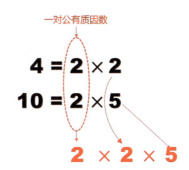

4. 短除法

求几个数的最小公倍数，还可以用短除法，短除法是先用这几个数的公约数连续去除，一直除到所有的商互质为止，然后把所有的公约数和最后的商连乘起来，结果就是最小公倍数。

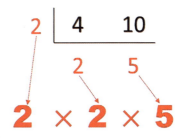

所以 $[4,10] = 2 \times 2 \times 5 = 20$

仔细观察，短除法和分解质因数法，两者的本质是一样的。

四、因数

刚刚在求最小公倍数时采用的"分解质因数"和"短除法"中，都有提到因数，那么什么是因数呢？

在整数除法中，如果商是整数且没有余数（或者说余数为0），我们就说除数是被除数的因数（也称约数）。

五、最大公因数

最大公因数，又称最大公约数或最大公因子，是指两个或多个整数共有约数中最大的一个。

如何求最大公因数呢？有四种不同的方法。

1. 列举法

列举法就是把几个整数的所有因数都列出来，找出那个最大的公约数就可以了。

比如12和18，最大公约数可以这样来求。

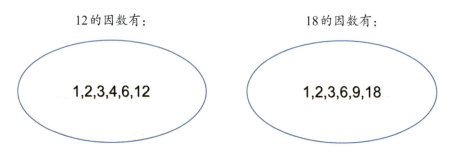

两者的公因数有：

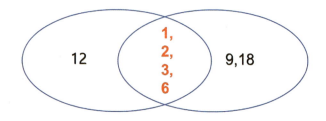

可以看出来，最大公因数是6。

2. 筛选法

找出几个整数中的最小数，然后列出它的所有因数（按降序排列），依次检验这些因数能否整除其他所有整数，第一个满足条件的因数就是最大公因数。

比如整数 12 和 18，最小数为 12，12 的所有因数降序排列：

$$12, 6, 4, 3, 2, 1$$

检验：12 不是 18 的因数，6 是 18 的因数，因此，6 就是 12 和 18 的最大公因数。

3. 分解质因数

把几个数分别分解质因数，找出相同的质因数相乘，结果就是最大公因数。

所以 (12, 18) = 2 × 3 = 6

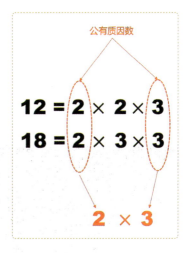

4. 短除法

求几个数的最大公因数，还可以用短除法，短除法是先用这几个数的公约数连续去除，一直除到所有的商互质为止，然后把所有的公约数连乘起来，就是最大公因数。

所以 (12, 18) = 2 × 3 = 6

仔细观察，短除法和分解质因数法，两者的本质是一样的。

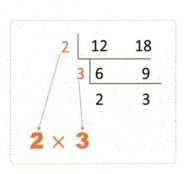

六、在生活中的应用

> 💡 现实世界

我们知道，太阳系有八大行星，它们都在各自的轨道上绕着太阳公转。每颗行星都有自己的公转周期。比如：

水星大约87.97地球日。

金星大约224.70地球日。

地球大约365.26地球日。

火星大约686.98地球日。

木星大约11.86地球年。

土星大约29.46地球年。

天王星大约84.01地球年。

海王星大约164.79地球年。

在极少数时候会出现一个特别的天文现象，这些行星会出现在太阳的同一侧，并且几个行星连成一条线或在某一个区域，称为"行星连珠"。

那么，什么情况下会出现"行星连珠"的现象呢？

试一试

我们知道水星绕太阳一周大约是88天，木星绕太阳一周大约是4332天，请你试着算一算，大约每经过多少天，会出现一次水星和木星连珠现象？

思考一下，应该用什么来计算呢？再想一想三女归宁的问题，三个女儿什么时候才能团聚呢？是不是要用最大公约数？

我们用分解质因数的方法：

$$88 = 2 \times 2 \times 2 \times 11$$
$$4332 = 2 \times 2 \times 3 \times 19 \times 19$$

$$[88，4332] = 2 \times 2 \times 2 \times 3 \times 11 \times 19 \times 19 = 95304$$

因此，水星和木星每经过95304天，就会出现一次连珠现象。

你知道吗？

2022年6月中旬，水星、金星、火星、木星、土星在黎明前的东方低空出现近似线性排列（地心黄经差约38°），形成了视觉上的"行星队列"。这种现象在天文学中称为"行星聚合"。

28
代数

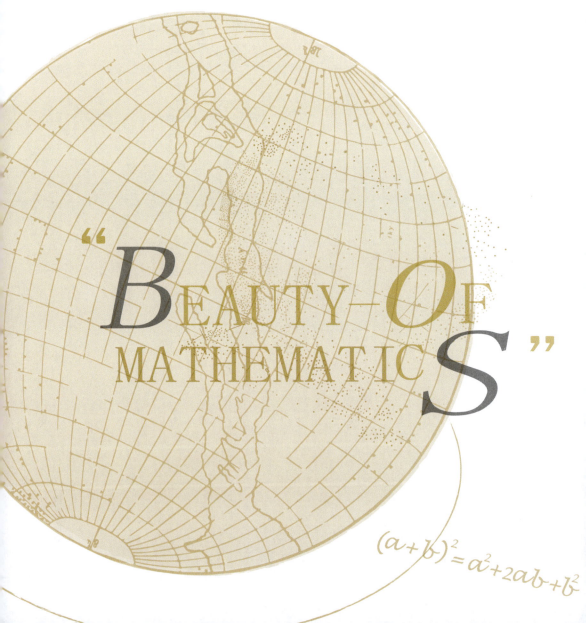

"BEAUTY-OF MATHEMATICS"

$(a+b)^2 = a^2 + 2ab + b^2$

一、代数学之父的墓志铭

古希腊有一位伟大的数学家丢番图,他是代数学之父。他的墓志铭上有一道很经典的数学题目。

"坟中安葬着丢番图,多么令人惊讶,它忠实地记录了所经历的道路。

上帝给予的童年占六分之一,

又过了十二分之一,两颊长胡,

再过七分之一,点燃起结婚的蜡烛。

五年之后天赐贵子,

可怜迟来的宁馨儿,享年仅及其父之半,便进入冰冷的墓。

悲伤只有用数论的研究去弥补,又过了四年,他也走完了人生的旅途。

终于告别数学,离开了人世。"

这一段墓志铭,讲述了丢番图伟大的一生,更有意思的是,它是一道数学题,告诉人们丢番图的寿命有多长。

仔细阅读丢番图的墓志铭,你知道如何来解这道题吗?

我们来梳理一下，丢番图的一生有以下几个阶段。

（1）童年：$\frac{1}{6}$。

（2）从童年到两颊长胡子，也就是少年阶段：$\frac{1}{12}$。

（3）从少年到结婚，也就是青年阶段：$\frac{1}{7}$。

（4）过了5年后生子。

（5）丢番图和儿子一起度过的岁月：$\frac{1}{2}$。

（6）儿子去世后，又过了4年，丢番图去世。

我们来画一张图来表示他的一生。

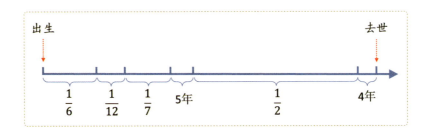

可以看出来，这里面除了5年和4年，其他都是分数占比，所以，这9年占了丢番图一生的总长度为：

$$1-\left(\frac{1}{6}+\frac{1}{12}+\frac{1}{7}+\frac{1}{2}\right)=\frac{9}{84}$$

所以，丢番图的寿命为：

$$9\div\frac{9}{84}=84（岁）$$

这个解决问题的方法，其实是我们在小学阶段学到的传统算术方法。

还有一种更直观的方法：方程法。

假设丢番图的寿命为x，那么可以列出方程。

$$\frac{1}{6}x+\frac{1}{12}x+\frac{1}{7}x+5+\frac{1}{2}x+4=x$$

这个方程怎么解呢？

用乘法分配律把方程左边的x都合并起来。

$$\frac{75}{84}x+5+4=x$$

$$\frac{75}{84}x+9=x$$

等式两边同时减去 $\frac{75}{84}x$

$$9 = x - \frac{75}{84}x$$
$$9 = \frac{9}{84}x$$

等式两边同时除以 $\frac{9}{84}$，得到

$$x = 9 \div \frac{9}{84}$$
$$x = 84$$

最后得出，丢番图的寿命是84岁。这就是方程法，是一种"代数"方法。

代数很深奥，是数学的一个重要分支，我们之前学习的数学，无论是整数、小数还是分数，还是加减乘除，都是由确定的数字组成的。

但是到了学习"代数"的时候，就出现了用字母"代替"数字的情况，这就像我们在一、二年级曾经学过的等量代换，无论是用动物、还是用水果，它们的本质是一样的，都要有两个方面。

一是等式，天平两边的重量是相等的，所以天平才能够平衡。把天平换成等号，就变成了等式。

二是变量，等式两边会有未知数，无论是用动物、水果，还是用字母 a、b、c、x、y、z 来代替也好，都是一种变量。

那么，解方程的过程，就是利用等式的性质，把变量的值给解出来。

等式有哪些性质呢？

二、等式的性质

1. 反身性质

任何数等于它自己，即对于任何数 a，$a = a$。

如果在天平两边放上同样重量的物品，天平一定是平衡的。

2. 对称性质

如果 $a = b$，则 $b = a$，即等式两边可以互换。

相当于把天平两边的物品互换，天平仍然是平衡的。

3. 传递性质

如果 $a = b$，且 $b = c$，则 $a = c$，即等式两边可以通过相等的中间项相互关联。

天平两边放上 a 和 b 是平衡的，放上 b 和 c 也是平衡的，那么放上 a 和 c 也是平衡的。

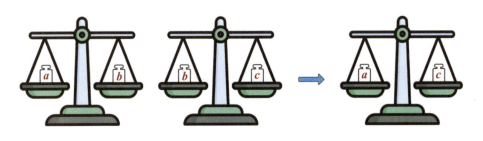

4. 相等性质

等式两边同时加上或减去同一个整式，等式仍然成立。

若 $a = b$，那么 $a + c = b + c$。

在一个平衡的天平两侧，同时加上相同的重量 c，那么天平仍然是平衡的。

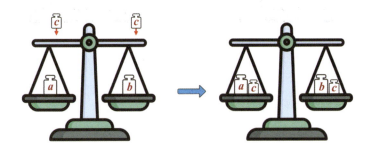

若 $a = b$，那么 $a - c = b - c$。

在一个平衡的天平两侧放上 a 和 b，天平是平衡的，同时减去相同的重量 c，那么天平仍然是平衡的。

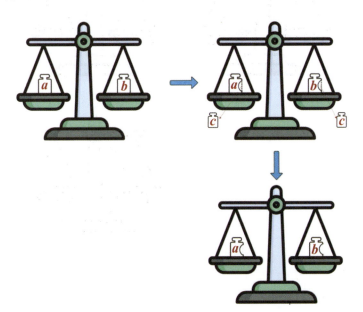

等式两边同时乘以一个数,等式仍然成立。

若$a=b$,那么有$a\times c=b\times c$。

在一个天平两边放上a和b,天平是平衡的,如果在a这一侧放上n个同样重量的a($n=c$),在b那一侧放上n个同样重量的b($n=c$),天平仍然是平衡的。

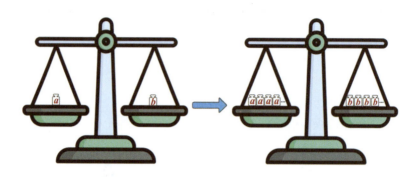

等式两边同时除以一个不为0的数,等式仍然成立。

若$a=b$,那么有$a\div c=b\div c$($c\neq 0$)

在一个平衡的天平两侧放上a和b,天平是平衡的,如果把a平均分为n份($n=c$),只留下一份,把b也平均分为n份($n=c$),也只留下一份,那么天平仍然是平衡的。

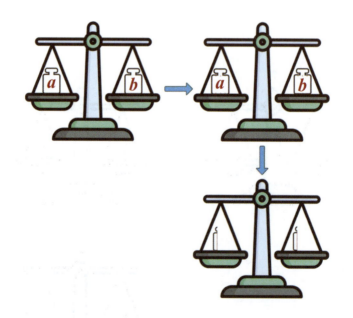

5. 多等式性质

两个等式相加仍然成立。

若 $a = b$，$c = d$，那么有

$$a + c = b + d$$

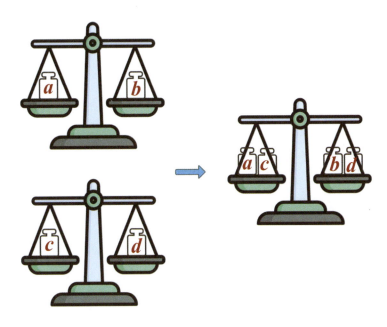

同样，两个等式相减仍然成立。

若 $a = b$，$c = d$，那么有

$$a - c = b - d$$

同样，两个等式相乘仍然成立。

若 $a = b$，$c = d$，那么有 $a \times c = b \times d$。

两个等式相除（除数非零）仍然成立。

若 $a = b$，$c = d$（$c \neq 0$），那么有 $a \div c = b \div d$。

6. 拓展性质

拓展1：等式两边同时被一个数或式子减，结果仍相等。

如果 $a = b$，那么 $c - a = c - b$。

拓展2：等式两边取相反数，结果仍相等。

如果 $a = b$，那么 $-a = -b$。

拓展3：等式两边不等于0时，被同一个数或式子除，结果仍相等。

如果 $a = b$，且 $c \neq 0$，那么 $\dfrac{a}{c} = \dfrac{b}{c}$。

拓展4：等式两边不等于0时，两边取倒数，结果仍相等。

如果 $a = b \neq 0$，那么 $\dfrac{1}{a} = \dfrac{1}{b}$。

三、解方程

解方程其实就是根据等式的性质，计算未知数的值。
下面列出常见的简易方程的解法。

1. 未知数加减乘除

（1）$x + a = b$

等式两边同时减去 a：

$$x + a - a = b - a$$
$$x = b - a$$

（2）$x - a = b$

等式两边同时加上 a：

$$x - a + a = b + a$$
$$x = b + a$$

（3）$ax = b$

等式两边同时除以 a：

$$ax \div a = b \div a$$
$$x = b \div a$$

（4）$x \div a = b$

等式两边同时乘以 a：

$$x \div a \times a = b \times a$$
$$x = b \times a$$

（5）$ax + b = c$

等式两边同时减去 b：

$$ax + b - b = c - b$$
$$ax = c - b$$

两边再同时除以 a：

$$ax \div a = (c-b) \div a$$
$$x = (c-b) \div a$$

（6）$ax - b = c$

等式两边同时加上 b：
$$ax - b + b = c + b$$
$$ax = c + b$$

等式两边同时除以 a：
$$ax \div a = (c+b) \div a$$
$$x = (c+b) \div a$$

（7）$x \div a + b = c$

等式两边同时减去 b：
$$x \div a + b - b = c - b$$
$$x \div a = c - b$$

等式两边同时乘以 a：
$$x \div a \times a = (c-b) \times a$$
$$x = (c-b) \times a$$

2. 未知数前的加减乘除

（1）$a + x = b$

等式两边同时减去 a：
$$a + x - a = b - a$$
$$x = b - a$$

（2）$a + bx = c$

等式两边同时减去 a：
$$a + bx - a = c - a$$
$$bx = c - a$$

等式两边同时除以 b：
$$bx \div b = (c-a) \div b$$

$$x = (c - a) \div b$$

（3）$b - x = c$

等式两边同时加上未知数x：

$$b - x + x = c + x$$
$$b = c + x$$

根据等式的对称性质：

$$c + x = b$$

等式两边同时减去c：

$$c + x - c = b - c$$
$$x = b - c$$

（4）$a - bx = c$

等式两边同时加上bx：

$$a - bx + bx = c + bx$$
$$a = c + bx$$

根据等式的对称性质：

$$c + bx = a$$

等式两边同时减去c：

$$c + bx - c = a - c$$
$$bx = a - c$$

等式两边同时除以b：

$$bx \div b = (a - c) \div b$$
$$x = (a - c) \div b$$

（5）$ax + b = cx + d$

分析一下这个等式，两边都有未知数，而且都是加法。

那么，等式两边同时减去较小的未知数，假设$c < a$，两边同时减去cx：

$$ax + b - cx = cx + d - cx$$
$$(a - c)x + b = d$$

$$(a-c)x = d-b$$
$$x = (d-b) \div (a-c)$$

（6）$a - bx = c - dx$

等式两边都有未知数，而且都是减法，那么，等式两边同时加上较大的未知数，假设 $d > b$，两边同时加上 dx：

$$a - bx + dx = c - dx + dx$$
$$a + dx - bx = c$$
$$a + (d-b)x = c$$
$$(d-b)x = c - a$$
$$x = (c-a) \div (d-b)$$

（7）$ax + b = c - dx$

等式两边都有未知数，而且是一加一减，那么，等式两边加上被减的未知数 dx：

$$ax + b + dx = c - dx + dx$$
$$ax + dx + b = c$$
$$(a+d)x + b = c$$
$$(a+d)x = c - b$$
$$x = (c-b) \div (a+d)$$

3. 含括号

（1）$a(x + b) = c$

等式两边同时除以 a：

$$x + b = c \div a$$
$$x = c \div a - b$$

（2）$a(x - b) = c$

等式两边同时除以 a：

$$x - b = c \div a$$
$$x = c \div a + b$$

（3）$(x+a) \div b = c$

等式两边同时乘以 b：

$$x + a = c \times b$$

$$x = c \times b - a$$

（4）$(x-a) \div b = c$

等式两边同时乘以 b：

$$x - a = c \times b$$

$$x = c \times b + a$$

（5）$a(bx+c) = dx + e$

先用乘法分配律去括号：

$$abx + ac = dx + e$$

两边同减较小的未知数，假设 $d < ab$，所以同时减去 dx：

$$abx + ac - dx = e$$

$$(ab-d)x + ac = e$$

$$(ab-d)x = e - ac$$

$$x = (e - ac) \div (ab - d)$$

（6）$a(bx+c) = d - ex$

先用乘法分配律去括号：

$$abx + ac = d - ex$$

等式两边同时加上 ex：

$$abx + ac + ex = d$$

$$(ab+e)x + ac = d$$

$$(ab+e)x = d - ac$$

$$x = (d - ac) \div (ab + e)$$

四、在生活中的应用

 现实世界

方程为什么称之为"方程"呢？它其实是来自现实生活中的数学问题。

在《九章算术》中，专门有一章叫作方程，其中有一个题目是这样的。

今有牛五、羊二，直金十两。牛二、羊五，直金八两。问牛、羊各直金几何？

意思是有五头牛和两只羊，价值十两金，两头牛和五只羊，价值八两金，问每头牛、每只羊价值多少金？

在九章算术中是这样解答的，先用算筹摆出这样的方阵。

图中"右行"表示"牛五、羊二、值金十两"，"左行"表示"牛二、羊五，值金八两"。

用现在的方程来表示就是一个二元一次方程组。

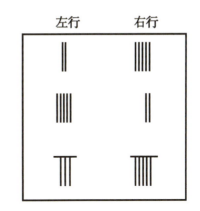

$$\begin{cases} 5x+2y=10（右行） \\ 2x+5y=8（左行） \end{cases}$$

我国古代著名的数学家刘徽在注释"方程"的含义时，认为"方"其实就是方阵的意思。他提出："群物总杂，各列有数，总言其实。令每行为率，二物者再程，三物者三程，皆如物数程之，并列为行，故谓之方程。"

在上面的题目中，群物指的就是牛、羊，它们一共有两种，所以是"二物"，也就形成二程，有多少种"物"就有多少个"程"，所以这里的程是"程式"的意思。

这就是方程的由来。

试一试

你知道和差问题吗？下面是一道和差问题的例子。

山坡上有一群牛和羊在吃草，牛和羊一共有12头，牛比羊多4头，问牛和羊各有多少头？

如果用和差问题的解答方法，可以用公式或画图法来解决。

但是，我们学习了方程，就可以试试看用方程如何解决。

我们设牛有 x 头，羊有 y 头，那么可以列出方程组。

$$\begin{cases} x+y=12 & ① \\ x-y=4 & ② \end{cases}$$

怎么来解呢？我们由①式得到 $x=12-y$

再将这个式子代入②式,把②式中的 x 替换成 $12-y$,得到
$$12-y-y=4$$
解出 $y=4$

那么 $x=12-y=12-4=8$

所以
$$\begin{cases} x=8 \\ y=4 \end{cases}$$

从这个解方程的过程可以看出,有一个变量"代"入的操作,所以这也反映了代数的本质。

如果用方程去解鸡兔同笼问题、盈亏问题,会方便很多,试试看吧。

你知道吗?

代数学的符号化演进使数学实现了从特殊算术到一般结构的飞跃。

笛卡尔在《几何学》中建立的坐标方法,使得代数方程可以转化为几何图形。例如极坐标方程 $r=a(1-\sin\theta)$ 对应着优美的心形曲线。

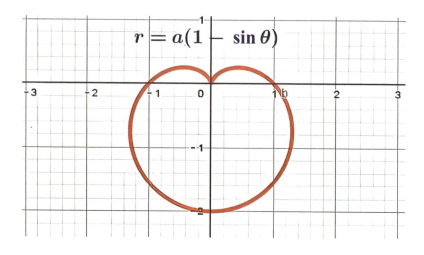